홍박사의

과학일상상자

홍박사의

과학 일상 상상자

홍성욱 지음

나무
나무

산도와
산동이에게

프롤로그

볼 수 없는 것에 대해서는 상상(想像)을 합니다. 지금 사용하는 이 상상이란 단어는 중국 사람들이 중원에서 발견된 코끼리의 뼈를 가지고 코끼리의 모습을 생각했다(想象, 코끼리를 생각한다)는 일화에서 유래했다고 합니다. 뼈를 맞추면서 지금은 존재하지 않지만 과거에 존재했던 것 같은 거대한 동물의 모양을 머리에 그렸다는 것이지요.

예전에는 과학은 이성, 논리, 실험의 영역이고, 상상이란 예술이나 문학에 관련된 것이라고 생각했습니다. 과학은 엄밀하고 객관적이기만 한 것이라고 간주되었지요. 어떤 사람들은 과학의 이런 모습에 끌려서 과학자가 됐지만, 또 다른 사람들은 과학이 인간의 희로애락과는 무관한 지식이라고 생각해서 과학에서 멀어지기도 했습니다.

하지만 요즘은 "과학도 상상의 산물이다", "상상력이 과학에서 가장 중요하다"는 얘기가 자주 나옵니다. 예전보다는 과학이 더 인간다워지고 더 따뜻해졌다고나 할까요? 상대성이론을 만든 20세기 최고의 과학자 아인슈타인이 고등학생 시절에 빛을 타고 날아가면서 옆에 있는 빛을 보면 어떻게 보일까를 상상했다는 얘기는 잘 알려져 있습니다. 그는 이때부터 이 문제를 풀기 위해 끙끙대다가 결국 9년이라는 시간이 흐른 뒤에 '특수상대성이론'으로 이 문제에 화답했습니다.

과학에서의 상상력으로 개념적 상상력과 물질적 상상력이 종종 얘기됩니다. 전자는 아인슈타인처럼 새로운 개념을 고안해내는 힘이고, 후자는 연금술사나 화학자처럼 새로운 질료를 상상해내는 능력입니다. 과학에서 이 두 가지 상상력이 모두 중요하다는 것은 분명합니다. 그렇지만 저는 이 책에서 과학적 상상력이 새로운 연관을 만들어내는 측면에 주목합니다. 아인슈타인이 고민했던 문제는 단순한 공상의 산물이 아니라, 그때까지 알려진 빛의 속성에 비추어볼 때 자신이 상상한 가상적인 상황이 기존의 지식과 모순을 일으킨다는 것이었습니다. 그는 이 모순을 해결하기 위해서 오랫동안 노력했고, 결국 시간에 대해서 혁명적으로 새로운 관념(운동하는 물체에서는 시간이 천천히 흐른다는 관념)을 원래의 고민과 결합시킴으로써 문제를 해결했습니다. 남들이 하지 못했던 새로운 연관을 창조해낸 것입니다.

과학은 인간이 이해하고 통제할 수 있는 '제2의 자연'을 만들어내는 활동입니다. 이 결과로 만들어진 다양한 존재들은 인간 사이의 관계 중간중간에 끼어들어 인간들의 관계를 복잡하고 예측 불가능하게 만듭니다. 이 책에서 보이겠지만 오락 목적으로 만들어진 자동인형은 인간의 본성에 대한 심각한 철학적 질문을 낳았고, 효율을 위해 도입된 기계는 노동자들의 실업을 야기하면서 기계파괴운동을 낳았으며, 인간을 대체하기 위해서 발전된 인공지능은 인간의 새로운 역할을 만들어냅니다. 연관은 점점 늘어나고, 그에 따라 세상은 더 복잡해지고, 이런 복잡한 세상을 잘 이해하고 조정하기 위해서 또 다른 과학 지식과 기술이 만들어지고, 이는 세상을 한층 더 복잡하게 만듭니다. 과학이 혜택인가 위험인가, 선인가 악인가, 달콤한가 쌉싸름한가를 따져서 이 중 하나를 선택하자는 과거의 철학은 이렇게 급속하게 복잡해지는 세상 속에서 힘을 갖기 힘듭니다. 우리는 과학, 기술과 사회의 관계를 지금까지와는 다른 방식으로 상상하는 법을 배워야 합니다.

이 책은 과학의 달콤한 앞면과 쌉싸름한 뒷면을 함께 담으려고 노력했습니다. 극단적으로 완벽한 이론을 추구했던 과학자들의 이면에는 누구에게도 말하기 힘든 불행한 개인사가 있었고, 감탄을 자아내는 멋진 실험실 사진의 뒤에는 다른 진실이 숨어 있으며, 어이없을 정도의 황당한 프로젝트로부터 사람들의 심금을 울린 영화의 모티프가 생겨나기도 합니다. 18세기 '똥 싸는 오리' 자동인형이 21세기 예술에 영감을 줄 수도 있고, 요절한 천재 과학자의 유고가 현대철학의 큰 흐름을 바꿀 수도 있으며, 불량배를 피해 숨었던 도서관이 한 소년의 인생을 다시 태어나게 할 수도 있는 것입니다. 핵폭탄 성공을 만족스러워하는 한 장의 사진에서 우리는 과학 지식의 위력과 무지의 위험을 다시 반성하게 됩니다.

책에 실린 글은 제가 지난 3년 동안 SNS에 올린 과학 이야기 중에서 뽑은 것입니다. SNS를 통한 소통은 신문 같은 매체를 통해서 독자와 만나는 것과는 또 다릅니다. 무엇보다 순간순간의 이슈들에 자극을 받아 글을 쓰고, 제 글을 읽는 독자의 반응을 즉각적으로 볼 수 있기 때문에 글에 힘이 들어가 있지 않아야 합니다. 내용 없이 가볍다는 뜻이 아니라, 괜한 허세를 부리지 않는다는 말입니다. 글이 쓰인 맥락과 상황이 다 다르기 때문에 이 책에 실린 글들은 문체도 통일되어 있지 않고, SNS에서

만 사용되는 독특한 표현과 부호들을 담고 있기도 합니다. 글을 모아 원고를 만드는 과정에서 많은 내용들을 다시 다듬었지만, 어떤 특정한 표현들은 원래 글이 지녔던 현장감을 살리기 위해서 일부러 그대로 두었습니다. 독자께서는 이 점을 감안해주시면 고맙겠습니다.

책의 첫 원고에 들어가는 예쁜 그림을 흔쾌히 사용하게 해준 나타샤 사조노바(Natasha Sazonova) 작가님과 여러 차례에 걸쳐서 원고와 사진을 정리해준 서울대 이지혜 조교께 감사드립니다. 그리고 책의 원고를 선별하고, 다듬고, 부제에 들어간 '달콤 쌉싸름'이란 제목을 정하는 과정에서 아내 이상민의 도움을 크게 받았습니다. 아들 준기는 '핫도그 사이언스'라는 제목을 제안했고, 책이 언제 나오나 채근할 정도로 책에 관심과 애정을 보였습니다. 무엇보다 가족의 후원은 고맙다는 말로 부족할 정도로 항상 큰 힘이 됩니다. 그리고 산만한 원고를 이렇게 예쁜 책으로 만들어준 편집자 권나명 씨, 디자이너 홍지연 씨, 이번에도 긴 과정을 지켜보면서 물심양면 지원해주신 나무나무의 배문성 대표님께 감사드립니다. 마지막으로 지난 3년간 제게 지적 자극을 주고 생각할 소재를 제공해준 페이스북의 많은 '페친'분들께 이 자리를 빌려서 깊이 감사드립니다.

2017년 1월
홍성욱

차례

006 프롤로그

1 우주
017 상대성이론
018 다양한 항성 이동 방법
020 웜홀 여행은 가능한가
022 눈에 보이지 않는 암흑물질을 찾아서
024 아인슈타인의 최대의 실수

2 소수의 반란
029 발명가 노무현
032 여배우의 반전
034 11살 최연소 나이에 논문을 게재한 소녀
036 러다이트 운동의 지도자 네드 러드
038 소수에서 주류로: 미래 예측의 명/암
041 그리스 현인과 중국의 현인
043 클라라 하버: 화학자 프리츠 하버의 첫 부인
046 이유태의 '탐구와 화음' 중 「탐구」(1944)

3 변화
051 과거에서 본 2015년
056 과학자의 색다른 이미지
058 에드워드 윌슨의 입장 변화
060 장난감이 곧 불러올 혁명
063 메이커가 만드는 변화
066 패러다임의 전환

4 사진/이미지
071 스타인메츠
074 테슬라의 전기실험
078 반도체 발명가 삼총사,
      그렇지만 가운데 자리는 나의 것
080 반역자 8인
082 첫 셀카의 탄생
084 진화하는 뇌영상 사진
086 파칼 왕, 우주선을 타다

5 로봇

091   16세기 로봇?
093   증기 인간: 로봇의 원형
094   영화 「베스트 오퍼」 속의 자동인형
098   움직이는 로봇 도시,
       사라지는 인스턴트 도시
102   바이오봇
104   진화하는 인공지능
106   「엑스 마키나」와 튜링 테스트
108   초지능
110   로봇의 반란: 프랑켄슈타인
112   미래는 천천히 온다
114   로봇의 법칙의 진화
117   교통사고로 죽은 로봇
119   로봇 개는 발로 차도 되는가
121   알파고와 창의성

6 과학자

127   우리는 모두 별의 먼지
129   물리학자 폴 디랙의 어린 시절
131   벨 부부와 연(鳶)
136   베이컨, 지도책에서
       협동의 효과를 발견하다
138   놀림감이 된 로버트 훅
140   로절린드 프랭클린의 비극적 일화
142   슈뢰딩거의 스캔들
144   라부아지에 부인

146   재판받는 라부아지에
148   앙페르 가족의 비극
150   그로브스와 오펜하이머
152   키잡이 호킹
156   서재에서 시작한 과학자의 삶
158   생물학자 워딩턴의 생일 파티에 등장한 핀볼 기계
160   전자기파의 발견자 하인리히 헤르츠,
       그의 덜 알려진 『역학의 원리』에 대한 얘기
162   파인먼이 멀리했던 사람들
164   처칠랜드 부부: 뇌는 곧 나
165   발명가들의 목숨을 건 쇼

7 출판되지 않은 것들

171   손편지
173   파인먼의 스케치
175   공룡이 멸종하지 않았다면?
177   레오나르도 다빈치의 영구기관 노트
180   진화론의 계통도
182   영화 「닥터 스트레인지러브」의 부제는
       어떻게 지어졌는가
184   가지각색 주기율표

8 예술

191 유전자 결정론을 비판한 예술
194 「유령 트럭」: 참사를 부른 거짓말에 대한 비판
196 양자역학과 예술의 만남
198 과상한 악보
200 펜로즈의 계단
202 인간의 뇌, 선율을 이루다
204 죽는 날 듣고 싶은 음악: 백남준
205 똥 싸는 오리
206 잊혀진 빛의 예술가 토마스 윌프레드

9 이면

211 동물의 왕국
214 인간성
215 지도의 이면
218 백스테이지의 철학
220 영화 「매트릭스」 제목에 숨겨진 의미
222 통 속의 뇌
224 영구기관의 비밀
226 넥타이의 비밀
228 알프레드 노벨의 이면
230 사실적 뼈해부도의 이면
232 깜빡이는 기계 스트로보스코프:
    환각 효과를 불러일으키다
234 전화선
236 우주의 끝

10 공포

241 소설 『살아 있는 인형』:
    기계주의에 대한 공포
243 1만 년을 위한 '경고' 디자인
246 영화 「인터스텔라」의 디스토피아
249 첫 대면

250 에필로그
254 사진과 그림의 출처

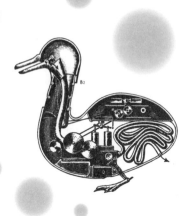

지구가 평평하다는 생각은 틀렸다.
지구가 완벽한 구형이라는 생각도 역시 틀렸다.
그러나 지구가 완벽한 구형이라고 생각하는 것이
지구가 평평하다고 생각하는 것만큼이나 틀렸다고 생각한다면
그런 견해는 앞선 두 개의 틀린 생각을 합쳐놓은 것보다 더 틀렸다.

-아이작 아시모프

1

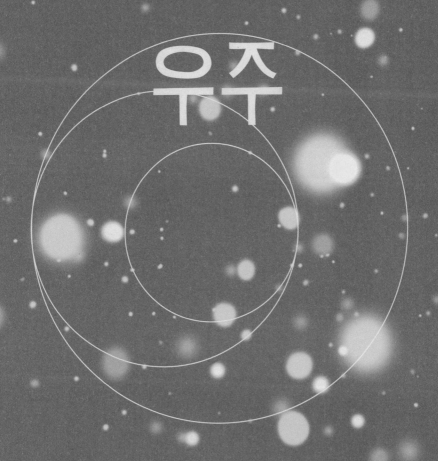

우주

홍박사의
과학
일단
상상하
자

상대성이론

"아름다운 여인과 앉아 있으면 한 시간이 1분 같지만, 뜨거운 난로 옆에 앉아 있으면 1분이 한 시간 같다. 그게 바로 상대성이다."

아인슈타인의 얘기로 널리 회 자되는 인용구이지만, 1929년에 미국의 한 신문기자가 기사에서 처음으로 쓴 얘기입니다. 여기 에서는 상대성이 마치 심리적인 현상인 것처럼 말하는데, 이는 아인슈타인의 상대성이론과 다 릅니다.

그런데 위의 얘기는 참으로 진 실 같습니다. 그러니 아직까지 회자되고 있겠지요.

ⓒ Natasha Sazonova LeClair

👍 좋아요　　💬 댓글 달기　　↗ 공유하기

다양한
항성 이동 방법

태양계도 광활하지만 태양계를 벗어나면 상상할 수 없이 큰 우주가 펼쳐진다. 지구에서 가장 가까운 별은 '프록시마 켄타우리'로 4.2광년 떨어져 있다. 거기에 닿기 위해서는 시속 24만 킬로미터라는 엄청난 속도로 비행을 해도 17,900년이 걸린다. 빛의 속도로 가야 4.2년이 걸리는 것이다. 따라서 인간의 수명 내에 이 별에 닿기 위해서는 다른 방법을 써야 한다. 적어도 빛의 속도의 10% 정도 빠르기로 날아가야 한다는 얘기다.

1970년대에 미항공우주국(NASA)은 태양계에서 다른 인접 항성으로 우주여행을 하기 위한 방안으로 세 가지 우주 비행선의 개념을 제안했다.

오리온은 핵폭발을 이용하고, 다이달로스는 핵융합을, 버사드 램젯은 우주에서 수소를 얻어 핵융합과 분사를 동시에 활용해 동력으로 사용한다. 이렇게 해서 이 우주 비행선들은 광속의 10% 정도 속도를 내서 가장 가까운 항성 프록시마 켄타우리까지 40년 정도 걸려서 이동한다. 천문학자 칼 세이건은 『코스모스』에서 우리가 이런 인터스텔라 (inter-stellar, 항성 간) 우주선을 만들기까지의 기간은 레오나르도의 비행기 모형에서 초음속 비행기가 개발되기까지 걸린 기간보다 더 길지 모른다고 한다. 그렇지만 그의 말대로 인류가 스스로를 멸망시키지 않는다면 언젠가 미래에는 이런 우주선이나 이 비슷한 우주선을 이용해서 4광년 떨어진 별까지 여행하는 날이 오지 않을까?

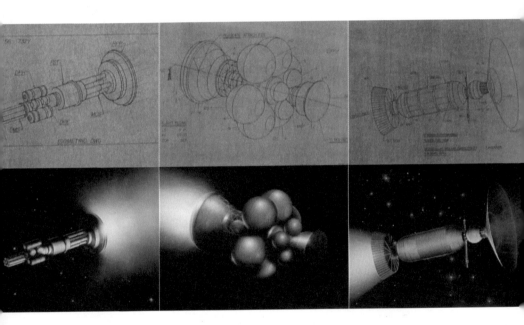

NASA에서 제안한 우주 비행선의 개념도와 실제 모습.
왼쪽이 오리온, 가운데가 다이달로스, 오른쪽이 버사드 램젯이다.

👍 좋아요　　💬 댓글 달기　　➦ 공유하기

웜홀 여행은
가능한가

인터스텔라 여행의 또 다른 가능성은 서로 다른 우주를 이어준다고 간
주되는 웜홀(worm hole)을 이용하는 것이다. 칼 세이건의 소설 『콘택트』
에는 여주인공이 웜홀을 타고 우주여행을 하는 장면이 나온다.

그는 이 소설을 쓸 때 웜홀을 통해서 광대한 우주를 가로질러 다른 고등
생명체와 만나는 설정을 놓고 캘리포니아 공과대학교의 물리학자 킵 손
(Kip Thorne)에게 자문을 구했다. 킵 손은 천문학자 세이건이 설정한 웜
홀 여행이 가능하지 않다고 답을 했는데, 그 이후 일반상대론과 모순이
안 되는 웜홀에 대해서 본격적으로 연구를 하기 시작했고 이후 이에 대해
서 논문을 여럿 발표했다.

천문학자 칼 세이컨   물리학자 킵 손

킵 손은 1990년대에 NASA의 지원을 받아 작은 웜홀을 만들어 '인터스텔라 여행'의 가능성을 찾아보는 연구를 본격적으로 진행하기도 했다. 그러다 2010년대 초반에 영화 「인터스텔라」의 자문을 맡게 되었다. 그는 여기에서 웜홀을 통해 다른 우주로 가는 설정을 제시했다. 결국 「인터스텔라」의 웜홀 여행은 칼 세이건의 『콘택트』가 그 영감의 근원이었던 셈. (1990년대 NASA의 프로그램에는 중력을 약하게 해서 거대한 우주선을 띄우는 주제도 포함되어 있었다. 영화 「인터스텔라」의 또 다른 모티프가 되었던.)

블랙홀이 웜홀의 포털 역할을 한다는 주장도 있는데, 블랙홀을 문으로 사용해서 웜홀 여행을 한다면 블랙홀을 통과하는 모든 물체가 (심지어 원자까지) 갈가리 찢긴다는 문제가 있다. 그런데 2012년 물리학자 라이어 버코(Lior Burko)는 회전하는 블랙홀의 경우에 혼종 특이성(hybrid singularities)이 생기고 이것이 물체를 찢어버리지 않고 웜홀로 보내줄 수 있다는 수학적 가능성을 제시했다. 「인터스텔라」에서는 블랙홀에 빠진 주인공 쿠퍼가 죽지 않고 살아나오는 것을 볼 수 있는데, 킵 손이 이 논문에서 영감을 얻은 것인지 아니면 그냥 상상력을 동원한 것인지는 미지수.

👍 좋아요　　💬 댓글 달기　　➜ 공유하기

눈에 보이지 않는
암흑물질을 찾아서

천문학자들은 우주에 눈에 보이는 보통물질 외에 암흑물질, 암흑에너지가 있다고 믿고 있다. 암흑물질 때문에 우리 은하 같은 나선은하들이 일정한 속도로 돈다고 생각한다. 암흑물질은 눈에 보이지 않기 때문에 망원경을 통해서는 관찰이 불가능하고, 다른 방법을 써야 한다. 그중 한 가지 방법은 은하의 충돌을 관찰하는 것. 그 충돌 양상에서 암흑물질의 역할을 찾아내보겠다는 얘기다.

다음 그림은 암흑물질을 찾기 위해 은하 충돌 시뮬레이션 결과(72개)를 분석한 논문에 나온 그림. 이 그림은 우주의 거대한 은하의 충돌을 담은 자료라기보다 재기 넘치는 그래픽아티스트의 작업 같다. 기대를 걸었던 은하 충돌로도 암흑물질의 존재는 밝히지 못했고, 이제 힉스 입자를 찾아낸 유럽입자물리학연구소의 대형 강입자 충돌기(LHC)에 기대를 걸고 있다. 눈에 보이지 않는 암흑물질을 찾는 과정은 멀고 험하다.

암흑물질은 발견될 수도 있고, 이에 대한 가설이 틀렸다고 판명될 수도 있을 것 같다. 그래서 나는 암흑물질이 발견되어도, 혹은 발견되지 않아도 별로 놀라지 않으리.

👍 좋아요　　💬 댓글 달기　　↗ 공유하기

아인슈타인의
최대의 실수

아인슈타인이 일반상대론을 발표하고 이를 우주에 적용해보니까 우주가 불안정하다거나 팽창한다는 결과가 나왔다. 아인슈타인은 우주상수(cosmological constant)를 도입해서 우주가 팽창하지 않고 안정적인 형태를 취할 수 있게 했는데, 나중에 우주가 실제로 팽창한다는 사실이 밝혀지면서 이 우주상수를 "내 인생 최대의 실수"(the biggest blunder)라고 했다고 한다. 최근에는 이 우주상수가 암흑물질, 암흑에너지와 관련지어질 수 있다고 해서, "아인슈타인의 최대의 실수는 사실 실수가 아니었다"는 식의 얘기도 등장하고 있다. (여기까지는 현대물리학이나 천문학에 관심이 있는 사람들이라면 잘 아는 얘기. 『아인슈타인의 최대의 실수』*Einstein's Biggest Blunder*라는 책도 있다.)

이 문제를 연구한 사람은 갈리 와인슈타인(Gali Weinstein)이라는 이스라엘의 과학사가이다. 그는 아인슈타인이 실제로 우주상수를 "최대의 실수"라고 말한 적이 없었다고 전한다. 이 얘기는 아인슈타인과 데면데면했던 조지 가모프(George Gamow)의 자서전에 딱 한 번 등장하고, 여러 정황으로 봤을 때 아인슈타인이 가모프에게 그런 말을 하지 않았을 개연성이 더 크다는 거.

다만 아인슈타인은 사망 직전인 1954년 11월에 라이너스 폴링을 만난 자리에서 "나의 한 가지 커다란 실수(one great mistake)는 아이젠하워 대통령에게 편지를 써서 원자탄을 만들라고 했다는 것"이라는 얘기를 했다.
결국 우주상수보다는 원자폭탄이 그의 말년을 쫓아다녔던 번뇌였던 것.

👍 좋아요　　💬 댓글 달기　　➜ 공유하기

2

소수의
반란

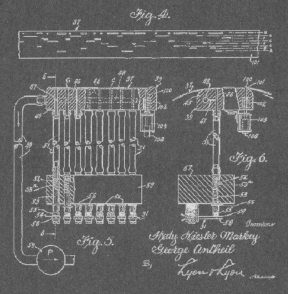

Fig. 4.

Fig. 5.

Fig. 6.

Inventors
Hedy Kiesler Markey
George Antheil
By
Lyon & Lyon
Attorneys

홍박사의
과학
일단
상상하
상자

발명가 노무현

예전부터 '노무현과 기술'에 대해서 글을 써보고 싶다는 생각을 잠깐 잠깐 했었다. 노무현 대통령은 고시생이었던 1970년대에 독서대를 발명해서 특허를 냈고, 컴퓨터에도 관심이 많아서 1994년에는 인명통합관리프로그램 '한라 1.0'을 개발했다고 한다.

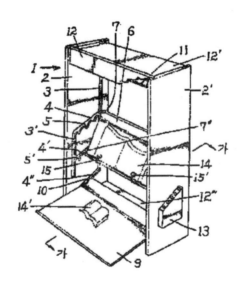

노무현이 발명한 독서대

청와대 재직 시절에는 높이 열린 감을 따는 기구와 여름에 옷을 걸어 놓는 의자를 고안했다고 하며, 무엇보다 결재와 기록을 위한 '이(e)지원' 프로그램의 개발을 주도하고 독려했다. 이 '이(e)지원' 프로그램은 노 대통령과 4명의 비서관 이름으로 국가특허에 등록되었다.

그렇지만 잘 알려져 있듯이, 이 프로그램은 노 대통령 퇴임 이후에 이명박 보수 정권이 남북정상회담 대화록 삭제라는 황당한 빌미를 잡아서 노 대통령을 공격하게 만들었던 정치적 기술(political technology)이 되기도 했다. '이(e)지원'에 대한 논문이 있나 찾아보니 2008년에 이 기술이 행정효율을 얼마나 높였는가에 대해서 쓴 것 외에는 없다. 『조선일보』에서 내는 주간지가 이 개발에 관여한 사람들을 인터뷰하려 했는데 실패했다는 기사가 있다.

장정일이 컬럼에서 잘 지적했듯이(「공자와 플라톤이 모르는 것」, 『시사IN』, 2015년 5월 16일), 플라톤과 맹자만 찾을 게 아니라 구제역, 광우병, 천안함, 세월호 같은 현 시점의 문제를 봐야 한다. 라투르의 용어를 빌리면 '관심사'(matter of concern)들이다. 지금 우리의 삶과 정치적 지형에 큰 영향력을 행사하는 이런 정치-기술적 문제들은 적어도 플라톤과 맹자 시절에는 존재하지 않았던 것들이다. 배움도, 인성도, 인문학도 좋지만, 정치적 테크노사이언스(political technoscience)에 대한 사회과학적인 분석이 훨씬 더 많이 필요한 시점이다.

이 글에 대한 서준원 님의 답글: 국민을 생각하는 지도자는 (political) technoscience에 관심이 크죠. 서독 초대 총리 아데나워 생가에 가면, 그가 발명한 특허 작품들이 즐비합니다. 전기 절약, 소시지 만드는 기구 등등. 겨울에도 난방을 아끼려는 검소함과 항상 국민을 생각하는 절절한 애정이 배어 있음을 절감하게 하는 생가는 지금은 아데나워 기념관.
유럽 각국에서 청소년들이 자주 들르는 명소랍니다.

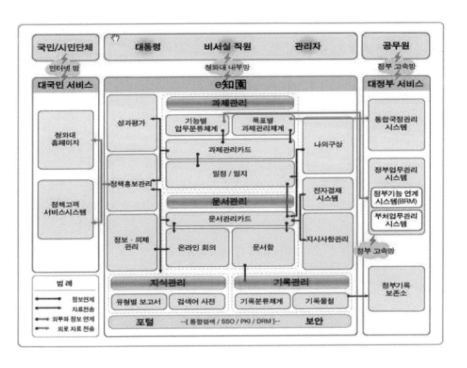

청와대 업무관리시스템 이(e)지원 개념도

👍 좋아요　　💬 댓글 달기　　➜ 공유하기

여배우의 반전

제2차 세계대전 이전에 활동한 섹스 심벌 여배우 헤디 라마르(Hedy Lamarr).

독일 출신의 할리우드 스타였던 그녀는 「엑스터시」라는 영화에서 벌거 벗고 들판을 뛰어다닌 것으로 유명했지만, 발명에 심취했던 발명가이 기도 했다. 그녀는 (조지 안실George Antheil과 공동으로) 1942년에 피아노 의 건반을 이용해서 어뢰를 조종하는 주파수 도약 대역확산(frequency hopping spread spectrum) 통신 기술을 발명하고, 이에 대한 첫 특허를 취 득했다. 이 특허는 1960년대부터 해군에서 사용되기 시작했고, 지금의 CDMA 무선통신 기술의 기초를 놓은 것. 여배우 무시하다 큰코 다칠 라….

👍 좋아요   💬 댓글 달기   ➙ 공유하기

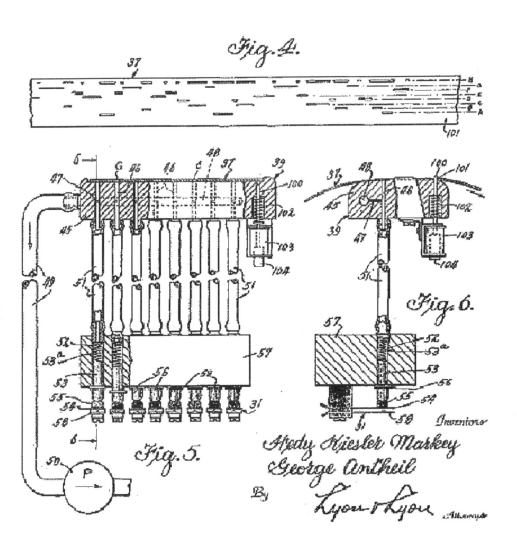

헤디 라마르의 특허 '비밀통신 시스템'(US 2292387 A)에 포함된 부품들.
당시 헤디 라마르는 남편의 성을 따라서 헤디 키슬러 마키(Hedy Kiesler Markey)라는
이름으로 특허를 등록했다.

11살 최연소 나이에
논문을 게재한 소녀

1998년, 11살의 나이에 『미의학협회저널』(JAMA)에 논문을 실은 에밀리 로자(Emily Rosa)의 이야기.

에밀리는 인간의 몸에서 나오는 에너지장(energy field)을 감지해서 이것을 이용해서 치료를 한다는 접촉 요법(therapeutic touch) 치료사들을 대상으로 블라인드 테스트를 수행하는 실험을 고안하고, 실제 21명을 대상으로 이 실험을 실시했다. 보지 않고 오른손, 왼손을 알아맞히는 280회에 걸친 실험에서 이 치료사들의 적중률은 동전 던지기보다 낮은 44%. 『미의학협회저널』에 실린 이 논문은 『뉴욕 타임스』와 TV에 소개되고, 그녀는 하루 아침에 유명인사가 됐다

(그녀는 제2저자였고, 병원에서 일을 하던 그녀의 엄마가 제1저자였다). 에밀리의 11살 나이는 주요 저널에 논문을 실은 가장 어린 나이로 기록되는 것 같은데, 그녀가 지금 무엇을 하고 있는지에 대한 정보는 찾기 어렵다.

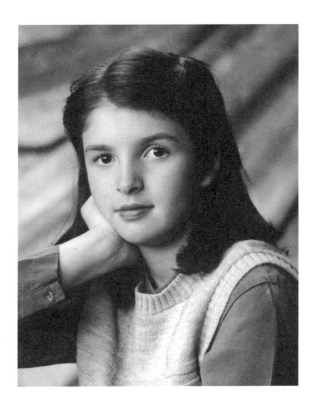

👍 좋아요　　💬 댓글 달기　　➡ 공유하기

러다이트 운동의 지도자
네드 러드

'기계 파괴 운동'으로 알려진 19세기 초엽 영국의 러다이트(Luddite) 운동의 지도자 네드 러드(Ned Ludd 혹은 킹 러드King Ludd)를 그린 그림. 운동을 지도했다고 알려진 러드는 가상의 인물이다. 1811년에 노팅엄 지역에서 러드냄(Ludnam)이라는 방직공 젊은이가 기계를 때려 부쉈다는 얘기가 전해지면서 기계 파괴 운동에 동참한 다른 지역의 노동자들이 "네드 러드가 했다"는 얘기를 퍼트리기 시작했다. 그림은 1812년 판본인데, 이 해에 노동자들은 러다이트 그룹을 조직해서 공장을 조직적으로 파괴하기 시작했다.

그런데 그림에 좀 이상한 게 많다. 비례가 안 맞는 것은 지도자를 강조하기 위한 거라고 해도, 네드 러드의 옷도 좀 괴상하다. 마치 여성들 의상을 두른 듯. 당시 남성 노동자들의 일반적인 의상과는 너무 다르다. 땡땡이 무늬도 눈에 띈다. 게다가 신발과 각반은 짝짝이다. 러다이트 운동에 참여했던 노동자들 중에서 여성 복장을 입고 러드의 부인 행세를 하면서 장난스럽게 기계를 파괴한 사람들이 있다고 알려져 있는데, 그런 생각이 반영된 것인가? 고정된 성 역할의 전복은 곧 세상의 전복이라는?

👍 좋아요　　💬 댓글 달기　　➤ 공유하기

THE LEADER OF THE LUDDITES

Drawn from Life by an Officer

Pub.d May 1812 by Messrs Walker and Knight, Sweetings Alley, Royal Exchange.

소수에서 주류로:
미래 예측의 명/암

브래드 피트가 주연한 영화 「머니볼」(Moneyball)에는 통계학과 경제학을 사용해서 야구 경기의 승률을 예측하고 이를 이용해서 다른 팀에서 외면한 선수들을 스카우트해서 오클랜드 팀을 최하위에서 최상위로 끌어올리는 피터 브랜드라는 단장 보좌역이 나온다. 그는 야구의 본질을 통계라고 생각하고, 통계를 이용해서 선수를 스카우트하고 기용한다. 그의 비주류적인 야구 운영은 극심한 비판을 받지만, 결국 팀에 20연승이라는 기적적인 승리를 안겨준다. 이 영화는 2002년에 오클랜드 애슬레틱스 팀이 겪은 실화를 바탕으로 했고, 영화에서 나오는 피터라는 인물도 당시 단장 보좌역을 맡았던 실존 인물 폴 디포데스타를 모델로 했다.

이 무렵 스포츠 산업에서 이런 통계학자들이 황금기를 누렸는데, 그중 한 명이 네이트 실버(Nate Silver)였다. 그는 시카고 대학교 경제학과를 졸업하고 야구 잡지에 글을 쓰면서 스코어를 예측하는 시스템을 만들어 이 바닥에서 서서히 명성을 쌓았는데, 이러다 정치판의 선거 결과를 예측하는 일에 뛰어들었다. 2008년 대선 결과를 놓고 50개 주 중에서 49개의 결과를 맞혔고, 2012년에는 50개 주의 승/패를 집어서 오바마가 승리할 것이라고 예측했는데, 50개 모두 들어맞아서 100%의 적중률을 보였다. 그는 2009년에 세계에서 가장 영향력 있는 100인에 꼽혔고, 그의 책 *The Signal and the Noise*가 아마존 베스트셀러 2위에 오르기도 했다. 지난 5월 영국 『가디언』과의 인터뷰에서 실버는 미국 대선 결과를 예측

영화 「머니볼」의 한 장면. 피터 브랜드가 확률로 승률을 계산하고 있다.

하는 것이 10점 만점에 8.5 정도로 가능하다면, 영국 선거 결과는 5.5 정도밖에 안 된다고 평가했다. 미국은 축적된 데이터가 많은 반면에, 영국의 경우는 복잡한 변수가 더 많다고. 지진은 (장기 예측의 경우) 2점, 테러리스트 판별은 3점. 그 대신 야구 승패는 상당히 높은 8 혹은 9점 정도.

흥미로운 사실은 실버가 2010년 월드컵을 예측하기 위해서 '축구 역량 지수'(Soccer Power Index)라는 프로그램을 개발했는데, 16게임 중 13게임의 결과를 성공적으로 예측했다.

그렇지만 결정적으로 중요한 게임의 승자를 예측하는 데 실패해서, 판세 전반을 제대로 예측하는 데에는 '문어 파울'보다 뒤졌음을 스스로 고백했다는 것. ^^

2010년 월드컵을 성공적으로 예측한 문어 파울

👍 좋아요   💬 댓글 달기   ➔ 공유하기

그리스 현인과
중국의 현인

밀레토스의 탈레스, 아테네의 솔론, 프리에네의 비아스, 미틸레네의 피타코스, 스파르타의 킬론, 린도스의 클레오불로스, 코린토스의 페리안드로스. 고대 그리스의 '일곱 명의 현인'이라고 불린 사람들이다. 후대인들은 기원전 6세기 당시 그리스의 사회적, 정치적 난제를 현명하게 해결하는 데 중요한 역할을 한 사람들을 이렇게 이름 붙였다. 탈레스는 기하학과 천문학을 연구한 최초의 '과학자'로 꼽히는 사람인데, 자신의 과학적 지식을 이용해서 일식을 예측함으로써 긴 전쟁을 끝내는 데에 공헌했다.

반면에 산도, 혜강, 완적, 유영, 완함, 향수, 왕융 같은 중국의 현자 '죽림칠현'은 정치판에 등을 돌리고 멀찌감치 서서 사회를 풍자하거나 방관자적인 태도를 추구했다. 진정한 현인은 정치에서 거리를 둔다는 메시지.

이 사례 하나를 가지고 일반화할 수는 없지만, 두 문화권의 차이가 극명하게 드러나는 사례로서는 나름 의미가 있을 듯.

중국의 죽림칠현

👍 좋아요　　💬 댓글 달기　　➡ 공유하기

클라라 하버:
화학자 프리츠 하버의 첫 부인

클라라 하버(Clara Haber, 1870~1915). 1890년에 한 댄스 교육장에서 프리츠
하버(Fritz Haber)를 만나서 첫눈에 사랑에 빠졌지만, 여성이 경제적으로
독립해야 한다는 신념 때문에 화학을 독학하고 결국
대학에서 청강까지 한 뒤에, 화학 박사 자격시험을
통과한 첫 번째 여성이 되었다. 10년 뒤에 프리츠
를 다시 만나서 1901년에 결혼했다. 1915년 남편이
독가스를 만들어서 전쟁에서 사용하겠다는 아이
디어를 얘기하는 것을 듣고 그것은 "과학의 이상
의 타락"이고 "삶에 새로운 통찰을 제공하는 학문
을 오염시키는 야만의 상징"이라고 남편
을 강하게 비판했다.

프리츠는 1915년 4월 22일에 벨기에
에서 수천 명의 사망자를 낸 첫 독가
스 공격을 '성공적으로' 마치고 귀가
했는데, 클라라는 남편과 계속 다투
다가 남편이 러시아에 독가스 공격
을 하러 떠나는 5월 2일 아침에 남편
의 권총으로 자신의 심장에 방아쇠
를 당겼다. 죽어가는 아내를 아들에

게 남긴 채 프리츠는 한 치의 흔들림도 없이 그날 러시아 전장으로 출발했다.

클라라는 바로 사망한 것으로 보이며, 그 죽음은 6일 뒤에야 알려졌다. 폴란드 유대인이었던 프리츠는 독일인이 되기 위해 기독교로 개종했고, 독일 대학과 베를린 카이저 빌헬름 연구소의 명예로운 교수직을 얻었지만, 유대인이라는 한계 때문에 1차대전 때 자신이 독일에 충성하는 독일인임을 증명하기 위해 전쟁 연구에 총력을 기울였다. 그는 1918년에 암모니아 합성에 대한 공로로 노벨상을 수상했다.

그렇지만 프리츠는 히틀러가 집권한 뒤에 모든 공직에서 사퇴해야 했고, 외국으로 망명하다가 1934년에 스위스의 한 호텔에서 심장마비로 급사했다. 그는 죽기 전에 예나에 있는 클라라의 무덤을 자신의 무덤 옆으로 옮겨달라는 유언을 남겼고, 그 유언대로 둘의 무덤은 하나로 합쳐졌다. 이렇게 해서 하늘에서라도 젊고 순수했던 첫사랑의 댄스 파티를 다시 한 번 경험했기를.

클라라 하버와 프리츠 하버의 합동 묘비

👍 좋아요　　💬 댓글 달기　　➜ 공유하기

이유태의 '탐구와 화음' 중
「탐구」(1944)

1940년대 사람들이 머릿속에 가지고 있던 서양 과학과 여성 과학자의 이미지를 엿볼 수 있는 그림인데, 도드라지게 강조된 현미경, 흰 가운, 전방의 토끼, 배경에 있는 플라스크 등이 당시 사람들이 과학에 대해 가지고 있던 생각을 알 수 있게 해준다. 실험실은 생물학 실험실 같고, 테이블 위에는 실험에 사용될 것 같은 키모그래프(동물의 심장 운동이나 근육 운동을 기록하는 장치)와 배터리가 있다. 앞에 있는 토끼는 실험용 같고.

👍 좋아요　　💬 댓글 달기　　➡ 공유하기

한국화가 이유태의 「탐구」

3

변화

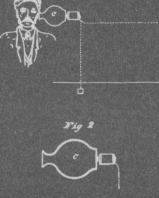

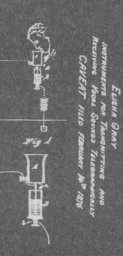

홍박사의

과학
일단
상상하
자

과거에서 본
2015년

SF영화 중에 2015년을 시점으로 한 영화가 많다. 「백투더퓨처」도 2015년, 일본 만화 「에반게리온」도 2015년이다.

달나라 여행, 암 정복, 가사노동 도우미 로봇, 자동차 공해 문제 해결, 그리고 통일 한국. 1980년대와 1990년대에 그렸던 2015년의 모습이다. 그런데 지금 우리는 어떤 세상에 살고 있는지? 헬조선의 세상?

2015년 통일한국 GDP 2兆달러線 포커스

中國은 11~12兆달러… 日은 4~5兆달러
1인GNP 한국 2만8,000弗… 美·日의 80%

「통일된 한국의 2015년 국내총산산(GDP)은 2조달러, 1인당 국민소득은 미·일의 80%인 2만8천달러 수준에 이른다」

미국의 저명한 싱크탱크인 랜드연구소가 20일 월스트리트 저널을 통해 미래 아시아의 모습에 대한 연구결과를 공개하면서 밝힌 내용이다.

연구소는 또 중국의 GDP는 홍콩과 대만을 제외하더라도 미국과 맞먹는 11조~12조달러, 일본은 4조~5조달러에 달할 것으로 전망했다. 현재 한국은 4천3백억달러, 중국은 5조달러, 일본은 3조달러 수준이다.

그러나 중국의 1인당 소득은 미·일의 25%인 9,000달러 수준에 머물 것이며 인도의 1인당 소득은 중국의 40%수준에 불과할 것으로 예상됐다. 미·일 등 선진국의 예상소득은 3만6천달러.

국방비는 한국 1천2백90억달러, 중국 4천1백억달러, 일본 1천7백30억달러로 점쳐졌다.

이 연구소의 찰스 울프 정책연구대학원장은 『현재까지 나온 모든 자료를 동원한 최선의 예상』이라고 전제, ▲한국의 통일 방식 ▲중국과 인도네시아의 권력승계 ▲중국의 홍콩통치 내용에 따라 영향을 받을 것이라고 덧붙였다.

【뉴욕=강기석특파원】

주요국 경제·군사력(2015년)		
구 분	GDP(조)	군사비(억)
중 국	11~12	4,100
일 본	4~5	1,730
인 도	4	3,530
한 국	2	1,290
인도네시아	1.5~2	600
미 국	11~12	8,950

〈자료:미국 랜드연구소〉 (단위:달러)

일본과학기술청 '미래의 기술 예측'

"2015년 암 완전정복"

환경·생명과학 중시경향 뚜렷
인공지능 응용분야서 큰 진전
오염물질 제거로 오존층 보존

일본의 기술예측 결과 2
건설되고 2018년에는 유인
가를 내다봤다. 아리안 로

기술개발 예측 시점

기술 내용	개발연도
1기가비트 기억소자 실용화	2002
1억분의 1m 가공기술, 최고 시속 5백km 초전도 자기부상열차 실용화	2003
연산처리능력 현재의 1천배 컴퓨터 개발	2004
간호로봇 실용화, 암 메커니즘 해명	2010
이산화탄소 흡수기술 실용화	2011
달에 영구적 유인기지 완성	2015
핵융합 발전로 개발	2020 뒤

오는 2010년까지는 암의 메커니즘이 밝혀져 암예방약 개발과 암세포로 불리는 치료의 기틀이 마련되며, 에이즈 치료법은 2006년까지 확립될 것으로 예측됐다.

또 진도 7 이상의 지진을 며칠 전에 예측하는 기술과 이산화탄소 흡수 등 지구환경 보전기술이 2011년까지 실용화될 것으로 전문가들은 내다본다.

일본 과학기술청이 최근 발표한 '기술예측 조사'는 우리나라도 내년부터 본격적으로 시작할 주요한 과학기술정책 수단일 뿐 아니라 세계적인 연구개발의 방향을 가늠해볼 수 있는 자료라는 점에서 관심을 끈다. 일본은 1971년부터 5년마다 이런 조사를 해오고 있는데, 이번 조사는 대학·연구소 등 관련분야 전문가 2천3백여명을 대상으로 다가올 30년 동안의 기술을 정보·생명과학·환경·의료 등 16개 분야 1천1백49개 과제별로 예측하도록 했다. 7년 예측한 기술 5백30건 가운데

20년 뒤인 지난해에 64%가 실현됐다. 기술예측의 내용과 우리라의 준비상황을 알아본다.

◇기술개발 시점=과제의 80%가 2010년까지 실현될 것으로 예측됐다. 실현시기가 이른 분야는 도시·건축·해양·지구·기상관측 등이며, 생명과학과 우주 분야 등 기초연구와 대규모 기술개발이 필요한 분야는 장기적인 연구가 필요한 것으로 나타났다.

(표 참조)

기술개발 완료시기를 보면 △시속 3백km의 신간센 실용화(1998년) △프레온(염화불화탄소) 대체품 실용화(1998) △처리시간 10억분의 1초인 실리콘 기억소자 개발(2000) 등이 2000년까지 이뤄질 것으로 예측된다.

보건의료 분야에서는 암의 전이를 막는 기술이 2007년까지 개발되고, 2009년까지는 암억제 유전자와 암의 관계가 규명되는 등 2010년까지 암의 메커니즘이 거의 해명될 것으로 내다보았다. 이를 바탕으로 2013년에는 암예

방약이 개발되고 2015년까지는 암세포를 정상화시키는 치료가 일반화되는 등 암정복이 이뤄질 것으로 예상됐다. 또 불치병으로 알려진 질병의 치료법이 확립되는 시기는 △에이즈 2006년 △노인성 치매 2015년 △유전성 질환 2016년 등으로 예상됐다. 환경기술 분야에서는 도시쓰레기의 경제적인 재활용법 개발이 2001년까지 이뤄지는 것을 비롯해 질소산화물 등 대기오염물질 제거기술 실용화가 2003년, 이산화탄소 흡수 등 지구환경 보전기술 개발이 2011년 등으로 나타났다.

◇과제별 중요도=연구자들이 중요하게 꼽은 분야는 환경과 생명과학으로 최근 지구환경문제와

세포에서 생태계 차원으로 이루 생체기능에 대한 높은 관심을 영했다. 암 등 질병의 극복과 산분화와 지진 예측 등 방재교에도 관심이 쏠렸다. 이밖에 분야로는 △뇌·신경계·노화 생명과학의 기본원리와 현상 해명 △지능화가 요청되는 분야 등 인공지능을 응용한 자연계의 시뮬레이션, 로봇·수송시의 지능시스템, 인공현실감 △쓰레기에 쓸모있는 물질수, 오존층 파괴의 메커니즘 명 등 환경관련 과제 등이다.

◇우리나라의 기술예측= 해 과학기술진흥법에 "과학

52

"교통난·차 대기오염 2015년쯤 해소"

교통전문가 대상 설문…"재택근무 늘면 큰 도움" 70%

도시교통연구소 조사

서울시내 교통난이 완전히 해소되고 자동차로 인한 대기오염이 해결되는 시기는 적어도 20년뒤인 2015년께가 될 것으로 전망됐다.

도시교통연구소는 26일 대학교수와 연구원 등 교통전문가 30명을 대상으로 미래 교통상황에 관한 설문조사를 실시한 결과 응답자 대부분이 서울의 교통난 해소 시점을 2010~2020년으로 내다봤다고 밝혔다.

응답자들은 교통난에 대해 10명(33%)이 2010년께, 8명(27%)이 2020년 뒤에야 해결될 것이라고 대답했다. 또 서울시 대기오염의 72%를 차지하는 자동차 배출가스 문제 해소는 9명(30%)이 2010년, 12명(41%)이 2015년 뒤에 가능할 것으로 예상했다.

응답자들 가운데 21명(70%)은 집안근무가 활성화할 경우 교통난 해소에 크게 도움을 줄 것이라고 응답했으며 2008년이 되면 통신을 이용한 집안근무가 보편화해 교통량의 10%가 감소하게 될 것이라고 전망했다.

전문가들은 또 수송시스템과 관련해 지하로 화물을 옮기는 유통망이 2028년께 건설돼 1시간 안에 서울 전역의 화물 배달이 가능해질 것이며 이로 인해 지상도로의 차량 운행속도가 빨라질 것이라고 응답했다. 응답자들은 이밖에 우리나라의 교통사고 발생률이 10위권 밖으로 밀려나는 해는 2007년이며, 영종도공항 개통은 2005년, 서울~부산 고속전철의 개통은 2006년으로 관계당국의 계획보다 각각 2년에서 5년 늦게 이뤄질 것으로 내다봤다.

김창금 기자

환경단체 매도발언관련

인천시에 항의방문키로

굴업도 핵폐기장 건설반대 모임에 참여하고 있는 인천환경운동연합 등 인천지역 38개 환경 및 사회단체 대표들은 26일 인천시 남구 주안동 국민회의 인천지부 사무실에서 인천시장의 환경단체 매도발언(《한겨레신문》 25일치 14면)과 관련해 긴급회의를 열고 28일 오전 인천시를 방문해 항의하기로 결정했다.

이영래 시장은 이에 대해 "반핵운동 단체를 겨냥한 발언이 잘못 전달된 것 같다"고 해명하고 "굴업도 핵폐기장 건설을 반대하고 있는 인천지역 환경운동 및 사회단체를 결코 매도하지는 않았다"고 밝혔다.

인천/김영환 기자

변화

magazine X
매거진 엑스

경향신문 영페이지

일과 여성

26 미래주부 가정생활   29 미·일 '사이버 카

27 여름속 '화이트패션'   31 떠오르는 '임권택

28 출판계 우연파워   32 핸드볼 윤경신의

'어머니는 왜그리 고생만 하셨을까'

미래의 주부
2015년의 가정생활

- 가사노동 대폭 줄어
- 요리·청소는 취미활동
- 남녀관계 질적 평등
- 여가도 자신 뜻대로
- 외식산업 크게 발달
- 전통음식은 '귀한 맛'

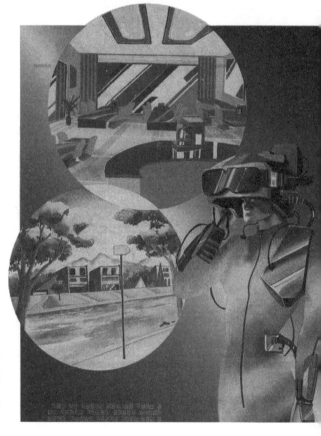

이름:현소리
나이:38세
직업:전통음식가 경영

경향신문·LG커뮤니카토피아연구소 공동기획

시 어머니의 대를 이어 전통음식점을 경영하는 현소라씨의 집은 서울에서 자동차로 두시간 거리의 전원마을에 있다.

약 30가구로, 이웃과 이 전원마을은 10여년 전에 만들어졌다. 10여명이 죽고 동기들이 공동주택을을 만들기로 하고 각자 가꾸운 사람들을 모은 것이다.

마을 구성원들은 대부분 나이나 사회적 지위가 엇비슷해 동질감이 강하여 마을에 대한 애착도 강하다. 이들은 마을의 공동체적 성격을 유지하기 위하여 놀이터·보육소·공동식당·공동체학당·공동작업장 등의 공유공간을 많이 확보하고 있다.

한쪽부터는 집을 지으면서 설계작업에서부터 참여했다. 실내 공간은 아래로 훤히 뚫게 효율성을 높였다. 진지만 마당이나 뒤, 마을을에 뜰에는 꽃과 나무들길 가꾸어 전원의 분위기를 흠뻑 느낄 수 있게 했다.

가사노동은 대폭 줄어들었다. 상당부분 사랑공공시설로 넘어가거나 자동화됐기 때문이다. 아이들 돌보는 일이나 세탁 등은 보육소와 공동세탁장에서 배분했는다. 식사의 주류운 간편식이나 외식, 청소도 기름에 설치되어 있는 공기청정기가 먼지와 오물을 훑아들여 거꾸 대충소를 한한다.

가사노동에서 성역할의 구분은 없어진지 오래다. 남자와 일과 여자의 일이 엄격

「미래시간표」 1면서 계속

피어슨은 『발전된 의학의 혜택에 힘입어 다음 세대는 궁극적으로 140세까지 삶을 누릴 수 있을 것』이라고 전망했다.

인간의 유전자에 관한 게놈(유전자지도) 연구가 2005년께 완성돼 2015년쯤이면 개개인 의료카드에 게놈이 기록된다.

컴퓨터 공학의 발전도 눈부셔 2005년에는 자신이 필요로하는 소프트웨어를 만드는 컴퓨터가 등장하고 신경망 컴퓨터도

공학, 우주, 통신 등으로 나뉘어 있다. 그러나 이 시간표는 기술의 진보가 가져다줄 장밋빛 전망으로 채워진 것은 아니다. 언젠가 닥칠지도 모르는 재앙에 대한 경고도 포함한다.

2010년쯤이면 국가별 주민등록증이 지구촌 ID카드로 통합돼 개인의 존재가 더욱 왜소해지게 되고 컴퓨터화된 사회를 상대로 한 범죄와 테러는 상상하기 힘든 재앙으로 이어질 수도 있다. 재택(在宅) 진료등 의학 발전은 태아 성감별을 대수롭지 않게 만든다. 미래시간표를 방해하

2015년엔 「달나라」관광 가능

2016년까지 개발된다.

잔디깎이 로봇이 2005년께 나오기 시작해 완전자동화 공장(2007), 야경로봇과 가사(家事) 로봇(2016)이 출현해 로봇이 인간보다 많아진다.

달 관광은 2015년, 화성 관광은 30년 이내에 실현된다. 장기 우주여행을 위해 필수적인 동면기술은 2030년께면 가능해진다. 통신기술은 우선 내년께 글씨로 쓰는 전화가 나오며 2000년께는 화상 휴대폰이 등장하고 전화번호를 부르기만 하면 통화할수있는 음성인식 전화도 나온다. 인간과 기계와의 대화가 가능해지는 시점은 2005년께다.

미래 시간표는 의학, 생명공학, 에너지, 교육, 기계, 인간과 기계 합성, 물질, 로봇

는 「예측 불가능한 변수」도 있다.

미국 버지니아주 알링턴연구소의 존 피터슨이 꼽은 미래시간표의 「와일드카드」는 치료가 불가능한 바이러스의 출현, 첨단 진료법으로 인한 부작용, 지구 온난화로 인한 빙산의 해빙과 해수면 상승, 인간의 돌연변이, 남성 정자수의 격감, 테러리스트의 생물무기 사용 등을 예고하고 있다. 알래스카 송유관의 파괴와 같은 대규모 환경오염도 변수다. 외계인과의 조우 여부도 이 시간표에는 와일드카드로 분류돼 있다. 브리티시 커뮤니케이션 연구팀은 미래시간표를 올 연말께 인터넷에 올릴 예정이다. 주소는 <http://www.labs.bt.com/people/pearsomid/>.

〈劉炳鉉기자〉

👍 좋아요　　　🗨 댓글 달기　　　↪ 공유하기

과학자의
색다른 이미지

'이것이 과학자의 얼굴!'이라는 사이트(http://lookslikescience.tumblr.com/).

모든 과학자는 다 제각각이며, 소위 전형적인 과학자의 외모는 없다는
것을 보여주기 위해서 제작한 사이트라고. 다음 사진은 롤러스케이트

선수로 뛰고 있는 한 미생물학 박사 연구원과 실험실에서 암에 대한 생물학 연구를 하고 있는 학생. 이 정도면 우리가 생각하는 과학자의 전형적 모습과 상당히 다르지 않을까?

👍 좋아요　　💬 댓글 달기　　➤ 공유하기

에드워드 윌슨의 입장 변화:
이타주의에서
이기주의와 이타주의의 상호작용으로

2010년, 에드워드 윌슨이 자신이 수십 년 전에 강력히 주장했고 그동안 계속 지지해오던 '혈연선택 이론'(kin selection theory)을 부인하고 '집단선택'(group selection)으로 회귀했다. 윌슨은 하버드 대학교의 두 명의 생물학자와 함께 『네이처』에 논문을 발표했는데.

당시 혈연선택 이론의 지지자들 137명은 윌슨의 입장을 반박하는 논문을 『네이처』에 내면서 윌슨의 논문을 "진화론에 대한 오해"라고 비판했다. 윌슨은 2014년에 이루어진 인터뷰에서 혈연선택 이론의 거장 리처드 도킨스를 "과학자가 아닌 저널리스트"라고 비난했다. 윌슨의 입장 변화가 정확히 무엇 때문이었는지는 아직도 분명치 않지만 2013년 『슈피겔』과의 아래 인터뷰는 그 동기를 어렴풋하게나마 짐작할 수 있게 해준다.

『슈피겔』 인간이 혈연선택을 통해서 진화한 것과 집단선택을 통해서 진화한 것 사이에 차이가 있는가?

윌슨 물론. 모든 것이 달라진다. 진화를 이해하는 것만이 인간이라는 종에 대한 진실한 이해를 얻을 수 있는 기회를 제공한다. 우리는 개인선택과 집단선택의 상호작용에 의해서 만들어졌다. 여기서 개인선택은 우리가 죄악이라고 부르는 것의 많은 부분에 기여한 반면에, 집단선택은 우리가 선, 덕이라고 부르는 것에 기여했다. 우리는 한편으로는 집단을 위한 자기희생과 다른 한편으로는 자기중심주의와 이기주의 사이의 지속적인 갈등 속에 있다. 나는 법에서 창의적인 예술에 이르기까지 인문학의 모든 주제들이 개인선택과 집단선택 사이의 상호작용에 기반을 두고 있다고 말하고 싶을 정도이다.

『슈피겔』 결국 이런 인간 본성의 야누스적인 성격이 우리의 가장 큰 장점이란 얘긴가?

윌슨 그렇다. 이타성과 이기주의의 내적 갈등이 바로 인간 조건이다. 이것은 매우 창의적이며, 우리의 노력, 발명, 상상력의 근원일 것이다. 이 영원한 갈등이 인간을 유일한 존재로 만들어주는 것이다.

👍 좋아요　　💬 댓글 달기　　➔ 공유하기

장난감이
곧 불러올 혁명

알렉산더 그레이엄 벨과 일라이셔 그레이(Elisha Gray)는 같은 날(1876. 2.
14)에 전화 특허를 출원했다. 두 사람의 특허가 상충된다는 얘기를 듣고
그레이가 자신의 특허를 바로 취하한 이유는 "(전화라는) 장난감을 놓고
다툴 필요가 없다"는 것이었다. 전신이 지배하던 세상에서 전화는 장난
감으로 취급되었다.

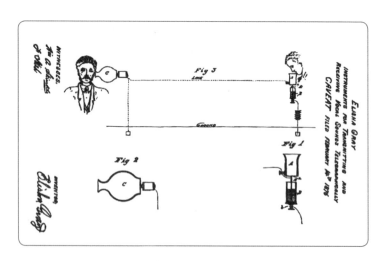

그레이의 1876년 전화 특허

역시 미니컴퓨터가 시장을 지배하던 1970년대에는, 처음 등장한 PC도 "장난감"으로 간주되었다. 그런데 이 장난감들이 순식간에 전신과 미니 컴퓨터를 시장에서 몰아냈고, 기존의 거대 회사들을 줄줄이 도산시켰다.

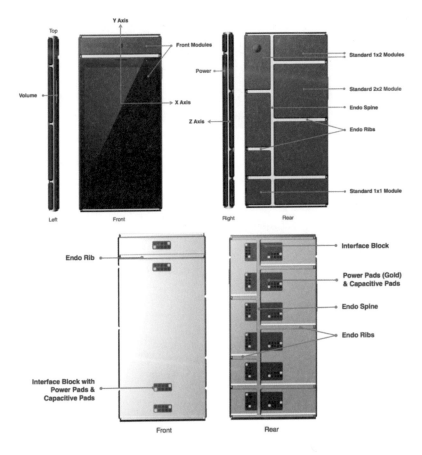

구글의 아라(ARA) 프로젝트에서 구상하는 스마트폰. 여러 개의 모듈로 구성되어 사용자가 자기 편리한 대로 조립할 수 있다.

이런 것들이 하버드 대학의 경영학자 클레이튼 크리스텐슨(Clayton Christensen)이 『혁신가의 딜레마』(The Innovator's Dilemma)에서 이론적으로 정교하게 분석한 '와해성 기술'의 사례들이다. 와해성 기술은 처음 등장했을 때에는 조잡하고 값싼 장난감 정도로 보이며, 시장을 장악한 기존 기업에 의해 무시된다. 그러나 이 기술이 성장하면서 시장의 판도는 180도 뒤집어진다. 마치 과거의 패러다임이 새로운 패러다임으로 바뀌는 것과 비슷하다.

얼마 전에 구글은 '아라(ARA) 프로젝트'를 출범시켰다. '아라 프로젝트'는 개인이 자신의 용도에 맞는 스마트폰을 맞춤형으로 조립해서 사용하는 것을 목표로 한다. 삼성전자는 '아라 프로젝트'를 장난감 정도로 가볍게 평가하고 있다고 하는데, 역사는 장난감을 만만히 보면 안 된다는 사실을 알려준다. '아라 프로젝트'가 와해성 기술인지 아닌지를 지금 판단하기 어렵지만, 삼성 같은 관료적 조직을 가진 거대 기업이 이런 와해성 기술을 제대로 평가하기 어렵다는 것은 이제 잘 알려진 사실이다. 조직을 분가시키든가, 자회사를 나눠서 부상하는 '장난감'에 더 많은 관심을 두고 이를 붙잡아 개발해야 하는데, 이것조차 어렵다는 것이 정설이다.

거대 공룡기업이 된 삼성전자의 미래는 결코 장밋빛만은 아닌 것이다.

👍 좋아요   💬 댓글 달기   ↱ 공유하기

메이커가 만드는
변화

'메이커 운동'(Maker Movement)은 '제4의 산업혁명'을 주도하는 운동으로 주목을 받고 있습니다. 미래에는 메이커 소비자들이 필요한 것을 직접 만들어서 쓴다는 변화의 시작이기 때문이지요. 이 거대한 흐름은 언제, 어떻게 시작했을까요? 미국의 잡지 『와이어드』에서는 오토데스크(Autodesk)가 인스트럭터블스(Instructables)를 매입하고, '디트로이트 메이커 페어'가 열리고, 마이크로소프트가 닷넷 가지티어(.NET Gadgeteer)를 내놓고, GE가 페이스북에서 메이커들에게 디자인을 공유하라는 캠페인을 벌인 2011년을 '메이커 운동'이 시작한 원년이라고 평가하네요.

'메이커 운동'을 다룬 잡지 『와이어드』

메이커 운동의 꽃은 메이커들이 서로 만든 것을 가지고 와서 축제를 벌이는 '메이커 페어'(Maker Faire)가 아닌가 싶습니다. '메이커 페어'에서는 개조한 자동차, 로봇, 드론, 전자장치로 움직이는 조형물 등 수많은 작품들이 선보여집니다.

관객들에게 납땜하는 법을 가르치는 텐트도 설치되어 있습니다. 한국에서는 2012년 6월에 처음으로 '서울 메이커 페어'가 열렸으니, 외국의 유행을 가지고 들어오는 속도가 엄청 빠른 건 확실한 것 같습니다.

메이커 페어에서 메이커들이 참석한 아이들에게 납땜하는 법을 가르치고 있다.

자신이 손수 만든 로봇을 선보이는 메이커와 이를 구경하는 사람들

메이커(Maker)라는 단어는 해커(hacker) 같은 단어와 달리 너무 일반적인데(그냥 만드는 사람, 제작자라는 뜻이다), 메이커 운동, 메이커 문화에서처럼 2010년대 이후의 독특한 기술(예술) 문화를 뜻하는 말로 사용되는 게 신기합니다.

👍 좋아요　　💬 댓글 달기　　➡ 공유하기

패러다임의
전환

과학사학자 러셀 매코맥(Russell McCormmach)의 『어느 고전물리학자의 잠 못 이루는 생각』(*Night Thoughts of a Classical Physicist*, 1983). 이 책은 역사학자가 사료를 바탕으로 쓴 역사책이지만, 빅토르 야콥(Victor Jakob)이라는 20세기 초 독일의 작은 대학교 물리학 교수를 가상의 인물을 설정하고 그의 일상을 쫓아가는 소설의 형식을 띠고 있다. 야콥은 자신이 평생동안 추구한 고전물리학이 보여주는 우주의 아름다움과 하모니(harmony)를 신봉하면서 거의 종교적인 신실성을 가지고 물리를 연구하던 사람인데, 그의 앞에 상대성이론과 양자역학이라는 '괴물'이 등장한다. 게다가 1918년의 독일 사회에 혁명이라는 거대한 소용돌이가 몰

려오는 것을 목도한다. 그는 자신이 평생 동안 믿고 추구했던 자연의 진리와 사회적 선(善)이 새로운 파도 앞에서 일순간에 무용지물이 되는 것을 목격하면서, 잠 못 이루는 생각에 뒤척이는데….

패러다임이 바뀌는 것을 모르거나 이를 거부하는 사람들이 새로운 패러다임을 적극적으로 받아들인 채로 과학 활동을 하는 사람들에게 할 수 있는 조언이 무엇이 있을까? 고전물리학자 야콥이 당시 젊은 물리학자 파울리나 하이젠베르크에게 할 수 있는 조언이 있었을까? 18세기에 플로지스톤 이론을 고수하는 화학자가 산소 이론을 받아들이고 연구를 하는 연구자에게 "좋은 실험은 이렇게 하는 것이다"라고 얘기해줄 수 있는 게 있을까? 1980년대에 대학을 다녔던 내가 지금 대학을 다니는 학생들과 나눌 수 있는 얘기의 공통분모는 얼마나 될까?

👍 좋아요　　🗨 댓글 달기　　➤ 공유하기

4

홍박사의

과학
일단
상상하
자

스타인메츠

왜소하고 구부정한 체형과 독특한 외모로 유명했던 찰스 스타인메츠 (Charles Steinmetz)는 미국 대기업 제너럴일렉트릭(GE)의 부사장(지금으로 보면 최고기술책임자인 CTO)까지 올랐던 인물이지만, 골수 사회주의자였다. 그는 기술 발전과 사회주의의 관계, 왜 사회주의가 더 좋은가에 대한 글과 강연도 많이 남겼다.

다음 사진은 1921년에 아인슈타인이 미국을 방문했을 때 GE를 대표하던 엔지니어인 스타인메츠와 찍은 것으로 알려져 있다. GE는 이 사진을 둘이 찍은 것처럼 선전했지만, 실제로는 아인슈타인이 RCA(Radio Corporation of America)를 방문했을 때 여러 사람들과 같이 찍은 기념사진이었다.

왜 GE는 굳이 둘만 나온 사진을 배포했을까? 다음 단체 사진을 보면 그 답을 알 수 있는데, 아인슈타인과 스타인메츠의 가운데에 서 있던 콧수염의 사나이가 전설적인 엔지니어 니콜라 테슬라(Nikola Tesla)이다. 문제는 테슬라가 GE와 아주 사이가 나빴다는 것. GE는 자신들과 사이가 나빴던 테슬라를 사진에서 지워버리고 싶었는지도….

👍 좋아요　　💬 댓글 달기　　➡ 공유하기

테슬라의
전기실험

앞서 GE가 아인슈타인과 스타인메츠의 사진에서 가운데 있던 테슬라
를 지웠다는 얘기를 했는데, 사진(조작)술에서는 테슬라도 빼놓을 수 없
다. 테슬라를 대표하는 사진은 1899년 무렵에 그가 자신의 콜로라도 실
험실에서 1200만 볼트의 전기 방전을 만드는 거대한 코일 근처에 앉아
서 차분하게 책을 읽는 사진인데, 이것은 코일 방전과 책을 읽는 모습을
찍은 사진 두 장을 합성한 것이다. 비슷한 다른 사진들도 마찬가지다. 실
제로 이런 사진을 찍었다면, 작은 번개 옆에 앉아 있는 것과 비슷했을 것
이다.

이 사진들이 합성이란 얘기는 테슬라 연구자들에겐 잘 알려진 사실이
다. 2013년에 출판된 기술사학자 버나드 칼슨의 책 『테슬라』(Tesla) 는 전
설로 둘러싸인 테슬라를 가능한 한 객관적으로 평가하기 위해서 10년
넘게 노력한 결실인데, 여기에서도 조작된 사진에 대한 얘기가 나온다.

그렇지만 사진에서의 테슬라의 이미지는 확고하다. 테슬라는 국내에서
도 개봉한 영화 「프레스티지」에서도 등장하는데, 이 영화에서는 방전되
는 고압 전기 사이를 유유히 걸어가는 장면이 있다.

👍 좋아요　　💬 댓글 달기　　➔ 공유하기

200만 볼트의 전기 방전을 만드는 코일 근처에서 책을 읽는 테슬라의 사진

영화 「프레스티지」에서 테슬라가 걸어가는 장면

반도체 발명가 삼총사,
그렇지만 가운데 자리는 나의 것

반도체를 발명한 벨 연구소의 3인방 바딘, 쇼클리, 브래튼. 이 환상적인 팀은 벨 연구소의 책임자였던 머빈 켈리가 만든 것. 그렇지만 이 팀은 개성이 강한 쇼클리 대 바딘+브래튼으로 찢어졌다. 쇼클리 없이 바딘+브래튼이 먼저 점접촉 트랜지스터(contact-point transistor)를 발명했고 여기에 충격(!)을 받은 쇼클리가 접합 트랜지스터(junction transistor)를 발명함으로써 이 팀은 영원히 갈라졌다. 이들에게는 개인적으로 불행한 시간이었을지 모르지만, 인류로 봐서는 다행스러웠던 경쟁과 결별.

잡지 『일렉트로닉스』의 표지를 위해 벨 사에서 찍은 사진은 그의 고집 때문에 쇼클리가 현미경을 잡고 있는 것으로 설정되었다. 다른 사진에서도 가운데는 항상 쇼클리의 자리. 바딘과 브래튼은 뒤에 멀뚱멀뚱 서 있고. 브래튼은 나중에 이 사진을 정말 싫어했다고 회고했다.

이 셋은 1956년에 노벨 물리학상을 받고, 그해 쇼클리는 벨 연구소를 나와서 지금 실리콘밸리의 팔로 알토에 '쇼클리 반도체'라는 회사를 차렸다. 이 회사는 실리콘밸리에 세워진 첫 번째 반도체 회사. 쇼클리의 명성은 유능한 젊은이들을 회사로 흡입할 정도였지만, 그의 경영 스타일은 독재적이었고 예측하기 힘들었다. 1957년에 쇼클리 반도체의 연구원 8명은 함께 회사를 떠나서 '페어차일드 반도체' 회사에 입사했다. 이들은 '반역자 8인'으로 불렸다.

이 중 로버트 노이스는 반도체 여러 개를 하나의 회로에 붙인 집적회로(IC)를 처음으로 디자인했고, 역시 반역자 8인 중 한 명이었던 고든 무어는 노이스와 함께 페어차일드사를 나와 따로 집적회로를 파는 회사를 차렸는데, 이 회사가 바로 인텔이었고.

바딘, 쇼클리, 브래튼의 또 다른 사진.
역시 가운데 자리는 쇼클리였다.

👍 좋아요　　💬 댓글 달기　　➜ 공유하기

반역자 8인

원래 '쇼클리 반도체'에서 창업자 쇼클리에게 불만을 품었던 엔지니어들은 줄리어스 블랭크(Julius Blank), 빅터 그리니치(Victor Grinich), 진 호어니(Jean Hoerni), 유진 클라이너(Eugene Kleiner), 제이 래스트(Jay Last), 고든 무어(Gordon Moore)와 셸던 로버츠(Sheldon Roberts) 등 7인이었다. 이들과 쇼클리 사이를 중재했던 사람이 로버트 노이스(Robert Noyce)였다. 불만을 접수한 쇼클리는 엔지니어들에게 노이스와 대화하라는 얘기를 종종 했을 정도로 노이스만은 신임하고 있었다. 그렇지만 결국 불만에 가득 찬 7인은 노이스를 설득해서 함께 회사를 그만두었다.

이들 '반역자 8인'(Traitorous Eight)은 함께 페어차일드에 입사해서 여러 장의 사진을 같이 찍었다. 흥미로운 사실은 이 사진에서 이들의 구심점 역할을 했던 로버트 노이스를 쉽게 알아볼 수 있다는 거. 아래 사진 세 장을 보시라. 여러분이 생각하는 바로 그 사람이 노이스이다.

노이스는 페어차일드에서 집적회로(IC)를 개발했는데, 인텔의 마이크로 프로세서, 삼성전자의 메모리가 모두 이 집적회로에서 나왔다. 집적회로를 개발한 로버트 노이스는 1990년에 사망했다. 로버트 노이스를 모르는 채로 거의 동시에 텍사스 인스트루먼트의 잭 킬비도 집적회로를 발명했는데, 킬비는 2005년에 사망했다. 이게 왜 중요하냐 하면, 2000년에 집적회로의 발명에 대해서 노벨 물리학상이 수여되었는데 노이스는 사망해서 노벨상을 수상하지 못했던 반면에 잭 킬비는 노벨상 수상자가 되었기 때문.

👍 좋아요   💬 댓글 달기   ➤ 공유하기

첫 셀카의
탄생

1839년도에 찍은 카메라 역사상 첫 번째 셀카.

미국 필라델피아의 아마추어 화학자 로버트 코넬리우스(Robert Cornelius)가 카메라 렌즈 뚜껑을 열고 카메라 앞으로 달려가서 1분 동안 앉아 있음으로써 만들어낸 셀카 이미지. 코넬리우스는 프랑스 발명가 루이 다게르(Louis Daguerre)가 발명한 다게레오 타입이라는 사진 기술이 대중에게 공개되자마자 이를 이용해서 셀카를 찍었다고.

요즘 일상용어가 된 영어 단어 셀피(selfie)는 2013년에 옥스퍼드 사전에 정식으로 등재되었다. 위키피디아에는 셀피를 찍다가 사망한 사람들을 모아둔 항목이 있는데, 2014년에는 14명, 2015년에는 51명이 셀피를 찍다가 사망했다고 한다. 왜 그런지는 분명치 않지만 사망 사건의 절반은 인도에서 발생했다고.

👍 좋아요　　🗨 댓글 달기　　➔ 공유하기

진화하는
뇌영상 사진

fMRI(기능성 자기공명영상) 기기를 독심 기계(mind-reading machine)로 사용한 실험들. neuron이라는 문자를 읽는 것을 어렴풋하게 맞힌 2008년 교토 팀, BRAINS라는 문자를 보는 것을 거의 정확히 맞힌 2013년 네덜란드 팀, 그리고 사람 얼굴에 도전한 2014년 예일 팀. 그렇지만 이

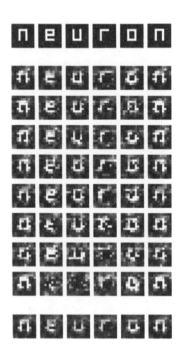

교토의 연구팀은 피험자에게 맨 위의 글자를 보여주고 뇌의 활동을 다시 컴퓨터로 해석해서 피험자가 보고 있는 글자를 추정해냈다. 그 평균값이 맨 아래 이미지다.

런 놀라운 연구 결과가 나온다고 독재자들이 우리 마음을 읽을 수 있는 건 아니니까 안심하시라. 실험실 세팅과 현실 세계는 다를 뿐만 아니라, fMRI는 교란시키기 매우 좋은 기계니까.

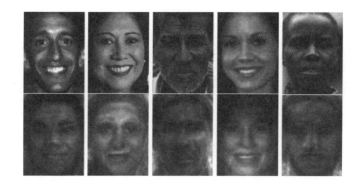

👍 좋아요　　💬 댓글 달기　　➤ 공유하기

파칼 왕,
우주선을 타다

서기 7세기경에 살았던 마야의 왕 파칼의 무덤에서 발견된 석관 뚜껑의 정교한 부조.

이 부조는 스위스의 외계문명론자 에리히 폰 데니켄(Erich von Däniken) 이 『신의 전차』에서 소개한 뒤에 최근까지도 끊이지 않고 '외계 우주인 의 우주선'을 묘사한 그림이라는 주장의 근원이 되고 있다. 최근에는 이 우주선에 대한 3D 렌더링까지 시도되기도.

한 평자는 그림에서 묘사된 것이 우주인이 탄 우주선은 맞는데, 파칼 왕이 파일럿일 수는 없다고 주장. 그 이유는 파일럿 훈련에 오랜 시간이 필요한 상황에서 한 나라를 다스리는 왕을 몇 년 동안 다른 일에 종사하게 할 수 없었을 것이기 때문이라고. 그렇다면 남은 가능성은 외계인이 마야 문명의 왕을 만난 기념으로 그냥 그를 우주선에 한 번 태워줬을 뿐이고, 마야 문명에서 이 순간을 기념해서 부조로 남겼다?

그런데 정말 우주인이 비행접시를 타고 날아와서 한 번 태워준다고 하면 날름 탈 수 있을까?

사족: 이 석관 부조는 파칼 왕이 지하 세계(파칼 왕의 등 쪽)에서 상승해 지상-천상 세계로 여행하는 것을 표현하고 있다는 것이 학계의 해석이다.

파칼 왕의 부조와 현대 우주 로켓을 비교하는 그림

👍 좋아요　　💬 댓글 달기　　➔ 공유하기

5

로봇

홍박사의

과학
일단
상상
상하
자

16세기 로봇?

16세기에 그려진 그림(1582).

얼핏 보면 로봇 같고, 멀리서 보면 우주인 같지만, 히에로니무스 파브리시우스라는 이탈리아 의사가 해부학 책에 그려 넣은 전신 인공 보철. 파브리시우스는 정맥의 판막을 발견한 사람으로, 이 발견은 영국 의사 윌리엄 하비가 피의 순환 이론을 만들어내는 데 큰 역할을 했다.

그런데 당시에 전신 보철물을 사용할 사람이 있어서 이를 실제로 제작했을까? 아마 실질적인 목적 때문이라기보다는, 일종의 과시용 그림이 아니었을까 생각도….

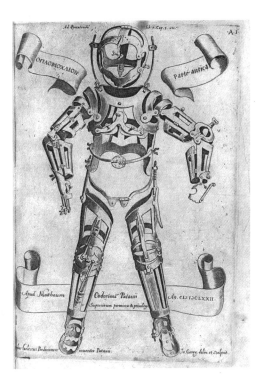

파브리시우스의 *Opera Chirurgica*에 나오는 전신 보철물. 그림은 존 조지(John George)가 그렸다.

👍 좋아요　　💬 댓글 달기　　➔ 공유하기

증기 인간:
로봇의 원형

내가 어릴 때 상대적으로 부잣집 애들만 보던 『소년동아』라는 신문이
있었다. 미국에도 비슷한 어린이 신문인 『보이즈 오브 뉴욕』(Boys of New
York)이 있었는데, 거기 연재된 소설 「프랭크 리드와 초원의 증기 인간」
에 증기 인간(steam man)이 등장했다. 이 소설은 1876년부터 연재되기 시
작했는데, 로봇(robot)이란 단어가 1920년에 출간된 카렐 차페크의 희곡
「R. U. R.」에 처음 쓰인 것을 보면 이보다 훨씬 앞섰음을 알 수 있다.

이 증기 인간은 기계로 만들어져서 스스로 작동하는 로봇의 원형으로
봐도 무방할 것 같다. 그 전에는 프랑켄슈타인 같은 인조인간, 즉 안드로
이드(Android)가 대세였다. 안드로이드는 기계가 아니라 생체공학적으
로 만들어진 '생명체'였다. 역시 기계 인간 같은 상상력은 아이들의 눈높
이에 맞춰야 제대로 발현되는 듯. ^^

👍 좋아요　　💬 댓글 달기　　➡ 공유하기

THE BOYS of NEW YORK.

A PAPER FOR YOUNG AMERICANS

VOL. I.   NORMAN L. MUNRO & CO.   NEW YORK, FEBRUARY 28, 1876.   NO. 29.

"HALT!" THE COMMAND PEALED FROM CHARLEY'S LIPS AS HIS RIFLE FLEW TO HIS SHOULDER. FRANK PULLED A ROD AND SHUT OFF THE STEAM.

The Steam Man of the Plains,

OR,

THE TERROR OF THE WEST.

BY HARRY ENTON.

Author of "The Boy Balloonist," "The Crimson Cross," "Tom, Dick and Harry," etc., etc., etc.

영화 「베스트 오퍼」 속의 자동인형

예술, 사랑, 우정. 이를 만들어가는 과정에서의 진실과 거짓의 차이. 결과적으로는 엄청난, 그렇지만 외견상으로는 정말 미소한 차이. 영화 「베스트 오퍼」의 테마.

나이 든 주인공 버질 올드먼이 미모의 신비스러운 여인 클레어에게 한 발 한 발 빠져드는 과정에서, 그가 이 여인을 쉽게 포기할 수 없었던 이유 중 하나는 그녀의 지하실에서 조금씩 발견되는 톱니바퀴 부품들 때문이었다. 바로 18세기의 전설적인 프랑스 엔지니어 보캉송의 이름이 새겨진, 완전히 사라졌다고 간주되던 그의 오토마타(자동인형)의 부품들. 올드먼은 상상을 초월하는 가치를 가진 이 자동인형을 복원하고 진정한 사랑을 얻는 과정에 한 발씩 접근하는데…

오랜만에 몰입해서 본 영화. 그런데 영화에서는 보캉송의 자동인형이 체스를 두는 것으로 묘사되면서 이에 대한 미국 작가 에드거 앨런 포의 논평이 등장하는데, 이는 거짓이다.

보캉송은 18세기 중엽에 '똥 싸는 오리', '플루트 연주자', '드럼 치는 사람' 이라는 세 가지 자동인형을 제작한 사람이었다.

체스를 두는 인형은 보캉송 이후 한 세대가 흐른 뒤에 헝가리의 볼프강

폰 켐펠렌(Wolfgang von Kempelen)에 의해서 만들어졌고, 포가 논평한 것은 이 켐펠렌의 자동인형이기 때문.

진품과 위조의 차이를 다룬 이 영화에서 이런 엄청난 실수를 하다니 믿기지 않을 정도이다. 그런데 혹시 이 역시 관객을 상대로 한 진품/위조의 비틀기인가?

👍 좋아요　　💬 댓글 달기　　➜ 공유하기

LE JOUEUR DE GALOUBET, LE CANARD ET LE JOUEUR DE TAMBOURIN
PIÈCES AUTOMATIQUES CONSTRUITES PAR VAUCANSON.

보캉송의 세 자동인형들

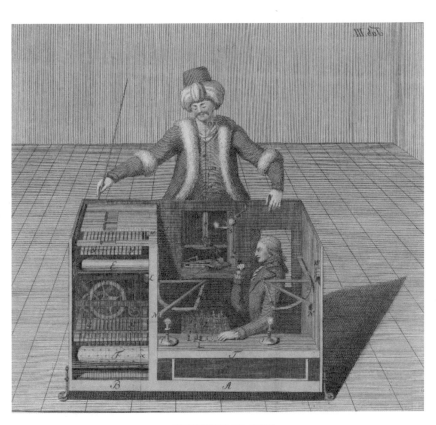

켐펠렌의 「체스 두는 터키인」

움직이는 로봇 도시,
사라지는 인스턴트 도시

영국 건축가 론 헤런(Ron Herron)의 '걸어다니는 도시'(Walking City) 콘셉트(1964). 거대한 빌딩으로 이루어진 거주 공간이 옮겨다니면서 다른 곳에 있는 수도, 전기, 정보 네트워크에 접속해서 이를 사용한다. 어느 정도 시간이 지나면 이 도시는 또 다른 곳으로 옮겨다니고. 건축가 헤런은 아키그램(Archigram)이라는 아방가르드 건축가 집단의 일원이었는데, 미래에는 노마드(유목민)적인 삶이 지배할 것이라는 생각에서 이런 상상을 했다.

헤런이 속한 아키그램은 이동하는 도시의 콘셉트를 더 발전시켜서 '인스턴트 도시'를 제안하기도. 인스턴트 도시는 도시가 없는 지역의 적절한 곳을 잡아서 교육과 오락의 네트워크 허브를 만들어서 교육하고 즐기다가 소멸되는 도시다. 도시의 핵심은 건물이 아니라, 다양한 정보 네트워크, 교류 네트워크의 장소이기 때문. 아키그램은 당시에 미국에서 발전하던 아르파넷(ARPAnet) 같은 비위계적인 정보통신 네트워크로부터 큰 영향을 받았다.

따라서 이런 식으로 생각하면, 해변에서 풍선만 잘 사용해도 여름 한철 좋은 도시를 만들 수 있다. 이렇게.

👍 좋아요   💬 댓글 달기   ➤ 공유하기

론 헤런의 '걸어다니는 도시'

아키그램에서 제안한 인스턴트 도시.
여름 한때 북적대다가 사람들이 떠나고 나면 남는 게 아무것도 없다.

바이오봇

바이오아트 분야의 선구자 중 한 명인 에두아르도 카츠(Eduardo Kac)의
「제8일」(2001). 창조의 제8일을 의미한다. 인공적으로 창조된 작은 에코
시스템 속에 카츠가 만든 바이오봇을 넣어 함께 살도록 한 것인데, 이 바
이오봇의 '두뇌'(brain)에는 살아 있는 아메바가 들어 있고, 이 아메바의
분열과 움직임이 바이오봇의 움직임을 결정한다.

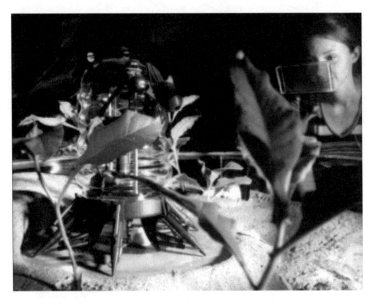

영화 「제8일」의 한 장면.
바이오봇이 작은 에코시스템 속에서 다른 생명체들과 함께 살아가고 있다.

2001년에 만들어진 오래된 작품인데, 이를 보다가 내가 놀란 것은 이 작품에 관여한 사람들이 어마어마하다는 거. 거의 작은 영화를 하나 만드는 수준 아닌가? 이 스태프들 작업비는 다 어디서?

"The Eighth Day" team: Sheilah Britton, Producer, Gene Cooper, Web design and development, Charles Kazilek, Visualization, Assegid Kidané, Biobot Imaging and Control Hardware Design, David Lorig, Biobot design and fabrication, George Pawl, Installation design and fabrication, Kelly Phillips, Installation design and fabrication, Jeanne ·Wilson-Rawls, Biologist, Jeffery Alan Rawls, Biologist, Anish Adalja, Graphic design, Sree Chattergee, Office assistant, Oguzhan Cifdaloz, Biobot Camera Control Hardware Design, Patricia Clark, Video editing, Dan Collins, ISA Interim Director (2000-2001), Matt Coon, Fabrication assistant, Barbara Eschbach, Computing Commons Gallery Director, Isa Gordon, Fabrication assistant, photographer, Steven Kostell, Videographer, video editing, Richard Loveless former ISA Director (1991-2000), Grant Orvis, Biology assistant, Emily Puthoff, Fabrication assistant, Jennifer Pringle, Publicity, Bonnie Rigmaiden, Administrative Assistant, Thanassis Rikakis, ISA Director, Frances Salas, Business Manager, James Stewart, Biobot 3D modeling, Anna Vida, Production assistance, videographer. Special thanks to: Dale Denardo, University Veterinarian, ASU Glass Shop, Jim Campbell, Consultant, and Factor II, Inc., Consultants. Additional thanks to Andras Nagy, Samuel Lunenfeld Research Institute, Toronto; Richard Firtel, University of California, San Diego; Chi-Bin Chien, University of Utah, Salt Lake City, and Neal Stewart, University of North Carolina at Greensboro.

진화하는
인공지능

1973년에 이루어진 의사와 환자의 한 대화. 아래 대화에서 E(일라이저)는 정신과 의사, P(패리)는 정신분열증 환자이다.

> E: 좋은 아침. 당신의 문제를 얘기해주세요. 얘기는 마침표나 물음표로 끝내주세요.
> P: 사람들은 내 속을 뒤집어놔요.
> E: 내가 충분히 이해했는지 모르겠네요.
> P: 조금 더 집중해야 합니다.
> E: 만약에 당신이 더 집중한다면요.
> P: 당신은 마음대로 할 수 있습니다.
> E: 왜 내가 마음대로 할 수 있다고 생각하는 거죠?
> P: 사람들 속에 있는 게 신경에 거슬려요.
> E: 계속하세요.
> P: 얼마 전에 베이 메도우즈에 있는 트랙에 갔어요.
> E: 그게 무슨 의미죠?
> P: 경마에 갔다구요.

아마 이 시점에서 짐작하겠지만, 일라이저는 1966년에 요제프 바이첸바움(Joseph Weizenbaum)이 만든 의사 흉내 내는 인공지능 프로그램이고, 패리는 케니스 콜비(Kenneth Colby)가 1972년에 만든 프로그램이다. 6년

사이에 패리가 좀 더 진화했음을 볼 수 있다.

인공지능이 인간 수준에 이르렀는지 테
스트하는 것으로 튜링 테스트라는 기준
이 있다. 튜링 테스트는 20세기 컴퓨터
과학의 선구자 앨런 튜링(Alan Turing)이
제안한 테스트로, 간단히 말해서 내가
지금 컴퓨터를 통해 옆방에 있는 누군
가와 대화를 하고 있는데, 그 채팅 상대
가 인간인지 인공지능 컴퓨터인지 알기
힘들다고 생각된다면 그 인공지능은 인
간과 비슷한 수준에 도달했다는 것이다.

왼쪽이 인공지능 프로그램 '심심이'이다.

우리나라에서는 '심심이'라는 프로그램
이 인기다. 대화를 잘 받아줄 뿐만 아니라, 허를 찌르는 농담을 하기도
하기 때문이다.

가끔 '심심이'와 대화하는 사람들은 '심심이'가 인간이 아닐까 의심하곤
한다. 이를 이용하는 사람들이 '심심이'가 기계인지 인간인지 구별하지
못하면, 심심이는 튜링 테스트를 통과한 것. 아직 '심심이'는 이 수준에
훨씬 미치지 못하는데, 2014년에 프린스턴 대학에서 만든 인공지능 '구
스트먼'이 튜링 테스트를 최초로 통과했다고 보도되었다. 그렇지만 '구
스트먼'과 영어로 대화해본 사람들 중에는 '구스트먼'이 '심심이'보다 못
하다는 사람들도 있으니….

👍 좋아요   💬 댓글 달기   ➜ 공유하기

「엑스 마키나」와
튜링 테스트

영화 「엑스 마키나」(Ex Machina)에서 여성 로봇에게 튜링
테스트를 하는 과정이 나온다. 로봇의 인공지능이 인
간의 수준에 도달했는가 아닌가를 테스트하는 것.

튜링 테스트에는 두 가지 버전(version)이 있다. 첫 버전
은 튜링에 대한 영화 제목에서도 사용된 '이미테이션 게
임'(imitation game)이다. 내 앞에는 커튼이 있고, 그 뒤에 인
공지능 컴퓨터와 인간 여성이 있다. 컴퓨터는 인간 여성
을 흉내내는데, 커튼 때문에 이들을 보지 못하는 내가
어느 쪽이 사람이고 어느 쪽이 컴퓨터인가를 맞히는
것이다(이 게임은 커튼 뒤의 남자가 옆의 여자를 흉내낼 때, 어
느 쪽이 남자인가를 맞히는 사람들 사이의 게임의 변형이다).

그런데 튜링 테스트의 두 번째 버전은 이와 다르다. 여
기서는 인공지능 컴퓨터가 여자인 척하는 남성을 흉내
내서 여자인 척을 한다. 이때 역시 커튼 뒤에서 이들을
보지 못하는 내가 어느 쪽이 사람이고 어느 쪽이 컴
퓨터인가를 맞히는 것이다.

당연히 이 두 버전의 테스트가 같은 것인가 아닌가를 놓고도 논란이 많다. 첫 번째 것은 분명히 이미테이션 게임(흉내 내기 게임)인데, 두 번째는 남자가 여자인 척하는 것을 (즉, 사람이 속이는 것을) 얼마만큼 흉내를 낼 수 있는가를 테스트하기 때문이다.

영화 「엑스 마키나」. 인공지능의 궁극적인 테스트는 사람을 속이면서 자신이 진실을 얘기하는 척하는 것이라는 메시지를 전해준다. 속이고, 속고, 속는 척하는 게임의 최종 승자가 누군지 궁금하면 이 영화를 보시길. 놀랍게도 영화의 여주인공은 로봇으로 나올 때가 사람으로 나올 때보다 훨씬 더 매력적이다.

사족: 「엑스 마키나」의 감독 앨릭스 갈런드(Alex Garland)는 알파고를 만든 '딥마인드'의 창업자 데미스 하사비스(Demis Hassabis)와 절친이다.

👍 좋아요　　💬 댓글 달기　　➥ 공유하기

초지능

초지능(ultraintelligent) 기계는 가장 똑똑한 사람들의 모든 지적 능력을 훨씬 초월하는 기계로 정의된다. 기계를 만드는 능력이 인간의 능력 중에 하나이기 때문에, 초지능 기계는 더 뛰어난 기계들을 만들 수 있다. 그러면 의심의 여지 없이 '지능의 폭발' 같은 것이 있을 것이며, 인간의 지능은 한참 뒤처지게 될 것이다. 따라서 만약에 이 초기능 기계가 자신을 어떻게 통제하라는 것을 인간에게 말해줄 정도로 온순한 것이라면, 이 첫 번째 초기능 기계는 인간의 마지막 발명이 될 것이다.

(I. J. Good, "Speculations Concerning the First Ultraintelligent Machine" [HTML], *Advances in Computers*, vol. 6, 1965)

1965년에 영국의 수학자 굿(I. J. Good)이 한 얘기. 그는 앨런 튜링의 암호 해독 팀에서 일했었다. 인간이 인간의 지능을 초월하는 기계를 만들 경우 상상할 수 없는 결과가 나올지 모른다는 '기술적 특이점'에 대한 얘기를 처음으로 한 사람이다.

최근 옥스퍼드 대학의 철학자 닉 보스트럼(Nick Bostrom)은 이 주제로 책을 한 권 써서, 이런 경우에 대비하는 연착륙 전략의 철학을 제시하기도. 보스트럼은 적어도 20년 내에 그런 날이 올 것이라고 예측한다. 정말?

👍 좋아요　　💬 댓글 달기　　➤ 공유하기

영국의 수학자 I. J. 굿

로봇의 반란: 프랑켄슈타인

1932년 영국의 발명가 해리 메이(Harry May)가 신문을 읽고 권총을 쏘는 로봇 '알파'를 발명했습니다. 이를 시연하는 과정에서 로봇에게 총을 쥐여줬는데, 이 로봇이 권총을 발명가인 메이에게 들이대고 총을 쐈다는 기사가 화제가 됐습니다. '로봇의 반란: 프랑켄슈타인'이라는 제목과 함께 이 사건이 당시에 소개됐습니다. (기사는 사실과는 다릅니다. 총을 쥐여줄 때 화약이 폭발해서 메이가 가벼운 부상을 입었는데, 이 사건이 와전된 것입니다.) 당시 대공황의 여파로 기계에 대한 두려움이 최고조로 달했을 때 이런 기사가 사람들의 관심을 끌었던 것입니다. 이 로봇은 1932년에 『동아일보』를 통해서 우리나라에도 소개됐습니다.

인공지능이 직업의 50%를 없앤다는 뉴스에 두려움을 느끼는 우리의 위
치를 한번 돌아볼 필요가 있을 것 같아서 예전 기사를 포스팅해봅니다.

👍 좋아요　　💬 댓글 달기　　➔ 공유하기

미래는 천천히 온다

인공지능에게 난공불락으로 여겨지던 바둑에서 드디어 알파고가 이세돌을 이겼다.

1997년(거의 20년 전)에 IBM의 딥블루(Deep Blue)가 세계 체스 챔피언 카스파로프를 이겼을 때 이 역사적인 게임을 보고 있던 관객의 심정이 딱 오늘 같았을 것이다. 지난 20년간 세상에 어떤 변화가 있었는지를 짚어보면, 앞으로 20년 동안 어떤 변화가 있을지를 가늠해보는 데 도움이 될 듯.

지난 20년 동안 인공지능이 세상을 크게 바꾸지 못했다면, 앞으로 20년도 그렇게 될 가능성이 크다.

미래는 우리가 생각하는 것보다 천천히 온다.

👍 좋아요   💬 댓글 달기   ➔ 공유하기

5 2. d4 d5 3. Nc3 dxe4

로봇

로봇의 법칙의
진화

아시모프의 『나, 로봇』에 등장하는 로봇의 세 가지 법률 (1942).

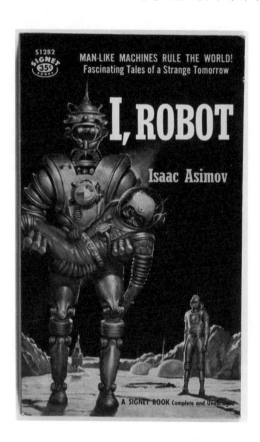

제1조: 로봇은 사람에게 해를 끼칠 수 없다. 또한 그 위험을 방치함으로써 사람에게 해를 끼쳐서는 안 된다.

제2조: 로봇은 사람의 명령에 따라야 한다. 단, 그 명령이 제1조에 어긋나는 경우는 이 제한을 받지 않는다.

제3조: 로봇은 제1조 및 제2조에 어긋나지 않는 한 자기 자신을 지켜야 한다.

그는 한때 제0조를 제안한 적도 있었다.

제0조: 로봇은 인류에게 해를 끼칠 수 없다. 또한 그 위험을 그대로 지나침으로써 인류에게 해를 끼쳐서는 안 된다.

인류와 사람의 차이는 중요하다. 만약 어떤 사람이 로봇에게 지구의 오존층을 모두 파괴하라, 지구의 식물을 모두 죽이라는 명령을 내렸다면, 이는 사람을 직접 해치지는 않지만 인류를 멸망시키는 결과를 가져오기 때문이다.

아시모프와 달리 영화 「오토마타」(Automata, 2014)에서 나온 두 가지 원칙은 21세기의 우려를 반영한 것. 그것은 똑똑한 로봇이 스스로를 고쳐서 개량하기 시작했을 때 인간의 머리로는 예상치 못한 급속하고 급진적인 진화를 초래할 수도 있고, 결국 인간이라는 종이 로봇에 비해서 별로 쓸데없는 종으로 사멸해갈 수 있다는 두려움이다.

영화 「오토마타」에서 나온 로봇 작동의 두 가지 원칙.

1. 로봇은 살아 있는 생명체를 해쳐서는 안 된다.
2. 로봇은 자신이나 다른 로봇을 고쳐서는 안 된다.

영화 「오토마타」의 한 장면

👍 좋아요   💬 댓글 달기   ➜ 공유하기

교통사고로
죽은 로봇

1982년 여름. 백남준 특별전이 뉴욕의 휘트니 미술관에서 열렸을 때, 백남준은 미술관에 소장되어 있던 자신의 오래된 K-456 로봇을 들고 나와 뉴욕 거리에서 이를 시연했다. 매디슨가와 75번가 교차로를 지날 때, 이 K-456 로봇은 '우연히' 차에 치였고(빌 아나스타시Bill Anastasi라는 예술가가 몰던 차에! ㅎ), 사건의 경위를 묻는 사람들에게 백남준은 이렇게 답했다고.

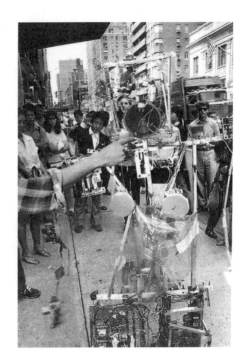

"이는 첫 번째 21세기형 사고이다. 우리는 이에 어떻게 대처해야 하는지를 배우는 중이다"

👍 좋아요　　💬 댓글 달기　·　↗ 공유하기

로봇 개는
발로 차도 되는가

얼마 전에 페이스북에 돌았던 보스턴 다이내믹스(Boston Dynamics)의 로봇 개 동영상을 본 사람들 중에는 연구자가 로봇 개를 발로 차는 장면을 불편하게 생각한 사람들이 꽤 있었다. 나도 그중 하나였는데, 로봇 개가 감정이 있거나 아픔을 느껴서 그렇다고 생각했다기보다는, 스스로 움직이는 대상을 저렇게 함부로 대하는 것이 살아 있는 동물, 그리고 더 나아가서 사람도 함부로 대하는 태도를 낳지 않을까 하는 우려에서 그랬던 것 같다.

아래는 장 드 라퐁텐(Jean de La Fontaine, 1621~95)의 기록. 17세기 당시 '첨단 철학(?)'으로 무장한 포르루아얄의 데카르트주의자들이 동물에게 어떤 '짓'을 했는가를 보여주고 있다.

> 데카르트주의자들은 무감각하게 개를 때렸으며, 개가 고통을 느낀다고 하면서 불쌍하게 바라본 사람들을 비웃었다 그들은 동물이 시계에 불과하다고 했으며, 개를 때렸을 때 개가 비명을 지르는 것은 충격이 가해진 스프링이 내는 소음에 불과하다고 보았다. …… 이들은 그 불쌍한 동물을 판자에 묶어 네 다리에 못을 박고, 산 채로 해부를 하면서 당시 과학적 토론의 중요한 주제였던 피의 순환에 대해서 관찰하곤 했다.

데카르트는 인간만이 정신(영혼)을 가진다고 생각했다. 그에게 동물은 영혼이 없는 존재였다. 사람이 불에 데면 뜨겁다고 느끼는 이유는 불 자체가 뜨거워서가 아니라, 불의 빠른 입자들이 피부 속으로 침투해서 신경을 건드리고, 이것이 우리의 정신에 의해서 뜨겁다고 해석되기 때문이었다. 따라서 정신(영혼)이 없는 개는 뜨거운 불을 갖다 대도 뜨겁다는 지각을 느낄 수 없었다. 불에 덴 개가 깨갱거리는 것은 기계를 밟았을 때 나는 소음과 비슷할 뿐이었다. 개와 기계는 모두 정신이 없는 존재였으며, 이런 이유로 개는 마치 기계처럼 다루어도 괜찮았고, 이런 철학을 믿던 사람들이 동물을 대상으로 잔인한 실험을 행했던 것은 이들의 당시 '첨단' 지식이 확실하다는 데에 기초한 것이었다. 한참 사유해서 얻은 철학적 지식보다 상식이 어떤 때에는 더 괜찮다는 역설을 보여주는 일화.

👍 좋아요　　💬 댓글 달기　　➤ 공유하기

알파고와
창의성

알파고 이후에 주입식 교육에 대한 비판이 많다. 나도 당연히 주입식 교육에는 반대한다. '주입식' 교육에 찬성하는 사람이 누가 있겠는가? 그런데 주입식 교육에 대한 반대도 주입식 교육만큼이나 오래되었다. 그렇다면 주입식 교육에 대한 반대보다, 이게 왜 없어지지 않는가를 생각해 보아야 한다. 나는 아래의 세 가지 이유 때문에 '주입식' 교육이 쉽게 없어질 것 같지 않다고 생각한다. (우리나라의 지배적인 교육을 '주입식' 교육이라고 부르자.)

1) 주입식 교육은 30명이 넘는 학생들을 가르치고 이들을 평가하기 위한 가장 값싼 방법이다. 객관식과 단답형, 약간의 주관식을 사용하면 외운 것, 훈련받은 것, 그리고 약간의 응용을 평가하는 것은 상대적으로 쉽다. 반면에 창의적으로 사고하고 이런 사고를 써서 어떤 결과물을 만들어 내는 것은 측정하고 평가하기가 매우 어렵다. 30명 이상의 학급에서 이런 평가는 많은 노력과 비용이 들어간다. 프랑스 바칼로레아 시험은 '생각하는 힘'을 테스트하는 것으로 유명한데, 비용이 매년 1조 이상 들어간다. 게다가 우리나라는 평가에 돈을 쓰지 않는다. 대학 입시, 대학교 강의 대부분, 공무원 시험, 로스쿨 시험, 의사 시험, 취직 시험 등이 주입식 교육을 테스트하는 방식으로 치러진다.

2) 시키는 문제를 열심히 푸는 과정에서도 창의력이 생긴다. 과학철학

자 토머스 쿤은 교과서의 이론을 배울 때가 아니라, 챕터 뒤의 문제를 푸는 과정에서 패러다임을 익힌다고 했다. 이론과 문제 사이에는 항상 갭 (gap)이 존재하고 이런 갭을 상상력을 통해서 메우려는 과정에서 창의성이 생긴다는 것이다. 이렇게 훈련을 받은 사람들은 나중에 연구자가 돼서도 문제를 창의적으로 풀 수 있다는 것이 쿤의 주장이다. 왜냐하면 기존의 패러다임과 자기가 풀려는 문제 사이에는 항상 어떤 갭이 존재하고, 이 갭은 상상력과 유비 등에 의해서 채워지기 때문이다. 소위 "기초가 튼튼해야 응용도 잘한다"는 얘기가 이런 생각을 대변한다.

3) 외국의 경우도 그렇지만 우리나라의 여러 분야에서 뛰어난 역량의 소유자라고 평가된 사람들 중에 주입식 교육에서 잘했던 사람들이 많다. 소위 시험에 강한 사람들이다. 예전에 경기고등학교에서 두각을 나타냈던 학생들, 좋은 대학에서 좋은 성적을 받고 좋은 학교로 유학 간 학생들 중에 뛰어난 연구자가 된 사람들이 많이 있다. 노벨상을 받지는 못했지만, 상대적으로 주목받는 사람이 되었다는 것이다. 이들은 뛰어난 사람들이 주입식 교육에서도 잘한다고 믿는 경향이 있다. 알게 모르게 이들의 이런 생각의 영향은 한국 사회에 상당하다.

문제는 주입식 교육이 키워내는 인재보다 사장시키는 인재들이 훨씬 더 많을 것이라는 데에 있다. 그리고 주입식 교육을 잘해서 배출되는 인재들의 '약발'이 점점 더 안 먹히는 세상이 되고 있다는 것이다. 패자 부활전이 거의 전무한 우리 사회에서 이렇게 사장된 인재들은 자기 가능성을 드러내거나 영향력을 발휘할 기회가 거의 없다. 이게 우리사회의 발전을 가로막는 큰 문제이기는 한데, 어떻게 해결할지, 혹은 정말 해결할 수 있는 문제인지는 잘 모르겠다. 여러 사람들의 지혜를 모아야 할 문제임은 분명해 보이지만.

로봇

6

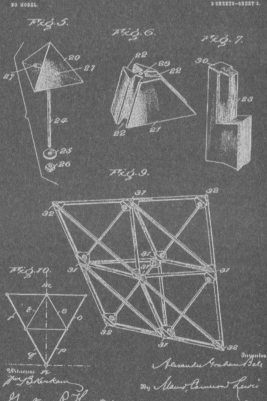

과학자

No. 770,626.   PATENTED SEPT. 20, 1904

A. G. BELL.

AERIAL VEHICLE OR OTHER STRUCTURE.

APPLICATION FILED JUNE 1, 1903.

NO MODEL.   2 SHEETS—SHEET 2.

Fig. 5.   Fig. 6.   Fig. 7.

Fig. 9.

Fig. 10.

홍박사의
과학
일단
상상하
자

우리는 모두
별의 먼지

천문학자 칼 세이건의 딸 사샤 세이건은 어릴 적에 아버지와 죽음에 대해서 나눈 대화를 다음과 같이 회고한다.

조부모를 다시는 볼 수 있겠느냐는 딸의 질문에 칼 세이건은 아마 그럴수 없을 거라는 (즉, 영생은 존재하지 않는 것 같다는) 얘기를 하면서, "영원히 산다면 살아 있다는 것이 그렇게 놀랄 만한 일이 되지는 못하지만, 삶이 영원하지 못하기 때문에 살아 있다는 것은 각자가 깊이 감사해야 할 심오할 정도로 아름다운 것"이라는 얘기를 들려주었다고.

또 칼 세이건은 딸에게 "네가 참이라고 믿고 싶다고 해서 그것을 믿는 것은 위험하다"라고 부드럽게 얘기해주었다고. 그 이유는 "네 자신과 특히 권위를 가진 사람들을 의심하지 않으면, 네가 망가질 수 있기 때문"이며, "참으로 사실인 것은 면밀한 검토에도 살아남는 것이다"라고 하면서. 딸에게 우리는 모두 DNA로 연결되어 있고, 우리의 세포는 별의 구성 성분과 같기 때문에 "우리 모두는 별이다"라고 생각하는 방식도 알려주었다고.

칼 세이건은 딸을 이렇게 지적으로 성숙하게 키우고, 그녀가 14살이 되던 해에 별로 돌아갔다.

👍 좋아요　　📭 댓글 달기　　↪ 공유하기

물리학자 폴 디랙의
어린 시절

"뉴턴 이래 영국이 낳은 최고의 이론물리학자"라는 칭호를 가진 폴 디랙(Paul Dirac). 다섯 살 생일 직후에 디랙을 찍은 사진은 여자애라고 해도 믿겠을 정도다.

스위스에서 이민 온 프랑스어 교사였던 아버지가 밥을 먹을 때 반드시 프랑스어만 쓰게 해서, 프랑스어를 할 줄 알았던 폴 디랙만 아버지와 같이 밥을 먹고 어머니와 형 둘은 항상 부엌에서 밥을 먹었다고. 디랙의 아버지는 프랑스어 발음이나 문법이 틀리면 그에게 엄한 벌을 내렸고, 이 때문에 디랙은 평생 프랑스어를 싫어했다고 한다.

아마 이런 가정 환경 때문인지 디랙은 극도로 소심했고, 사회생활을 꺼렸으며, 세상에 이름이 알려지는 걸 싫어했다. 사람들에게 주목을 받는 게 싫어서 노벨상 수상식에도 안 가려고 했는데, 동료 물리학자가 "네가 안 가면

더 주목받을 것"이라고 해서 마지못해 참석했다고.

디랙은 "물리학의 방정식이 실험 결과와 일치하는 것보다 수학적 우아함, 아름다움을 가지는 것이 더 중요하다"라고 했을 정도로 극단적으로 수학적인 미학을 추구했는데, 트라우마에 가까웠던 그의 어릴 적 경험이 그를 거의 자폐 단계로 몰아넣었고, 그래서 사람들이 부대끼는 세상이 아니라 수학적 아름다움 속에서 유일한 탈출구를 찾았을지도.

👍 좋아요   💬 댓글 달기   ➤ 공유하기

벨 부부와
연(鳶)

전화의 발명자 알렉산더 그레이엄 벨은 전화 외에도 여러 가지를 더 발명하고 특허를 냈는데, 그중 하나는 정사면체를 이어 붙여서 만든 연(鳶)이다.

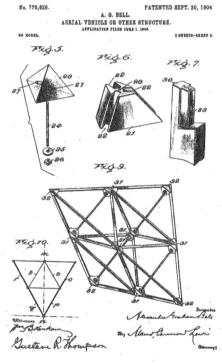

벨의 정사면체 연 특허(1904)

벨은 이 연이 사람을 싣고 비행기처럼 날 수 있을 것이라고 확신했고, 이를 실험하기 위해서 여러 엔지니어들을 불러 모아서 팀을 만들었는데, 20세기 초에 이 팀을 구성하고 지휘한 사람은 벨의 아내였던 메이블(Mabel)이었다.

메이블은 5살에 열병을 앓아 귀가 먹었지만, 노력 끝에 사람들의 입술을 보고 말을 이해하며, 스스로도 말을 할 줄 알게 되었다. 당시 농아 세계에서는 거의 전례가 없었던 일이었다. 그녀는 보스턴에 있는 농아를 위한 특수학교를 다니다가 학교 선생이었던 벨과 사랑에 빠졌다. 당시 메이블은 17세, 둘의 나이 차이는 10살. 당시 선생과 (미성년) 제자였던 둘이 주고받은 편지를 보면, 서로에게 보내는 사랑이 뜨겁게 표현되어 있다.

벨의 정사면체 연

메이블의 아버지 가디너 허버드는 벨이 '다중전신'을 만들어서 특허를 내는 조건으로 결혼을 시켜준다고 했고, 벨이 다중전신을 연구하다가 전화를 발명한 것은 잘 알려진 얘기. 벨은 요구 조건을 충족시켰고, 가디너 허버드는 약속을 지켰다. 둘은 1877년, 메이블의 나이 19살에 결혼에 성공했다는. 사랑과 돈과 명성을 한 번에 잡은 케이스. ㅎㅎ

정사면체 연을 날리고 있는 메이블 벨(1903)

정사면체 연 속에서 키스하는 벨과 메이블.

21세기 엔지니어와 발명가들은 아직도 벨의 정사면체 연을 꿈꾼다.
그만큼 이 연이 로맨틱하다는 말일 수도.

좋아요　댓글 달기　공유하기

베이컨,
지도책에서 협동의 효과를 발견하다

아브라함 오르텔리우스(Abraham Ortelius)가 제작한 16세기 지도책 『테
아트룸』(원제는 *Theatrum Orbis Terrarum*). 이 책은 1570년에 초판이 나왔
는데, 그가 사망한 1598년까지 25판이 나왔고 그 뒤로도 여러 번 개정판
이 더 나왔다. 흥미로운 사실은 이 개정판들에 점점 더 많은 지도가 포함
되고, 기존의 오류들이 고쳐져서 기록되었다는 사실. 지도의 제작자인
오르텔리우스가 전 세계를 돌아다니던 80명의 여행가, 지도 제작자들로
부터 정보를 받아서, 이를 수정본에 포함시켰기 때문이다.

이 사업에서 나타난 협동을 통한 오류의 수정과 지식의 진보에 크게 주
목한 사람이 프랜시스 베이컨이었다. 베이컨은 협동 연구와 실험을 통
해 자연에 대한 지식과 통제를 증대시키는 것이 새로운 자연철학의 임
무이며, 이를 위해 과학자들의 공동체를 만들어야 하고, 국가가 이 공동
체를 지원해야 한다는 근대과학의 강령을 주창했는데, 그는 오르텔리우
스의 『테아트룸』에서 그 생생한 사례를 발견했었던 것이다.

👍 좋아요　　💬 댓글 달기　　➜ 공유하기

놀림감이 된
로버트 훅

"망할 놈의 개자식들. 신은 내게 복수를 허한다. 사람들은 거의 나를 지목했다."

영국왕립협회의 핵심 멤버였던 로버트 훅이 토머스 섀드윌(Thomas Shadwell)의 연극 「대가들」(The Virtuoso)을 보고 그날 일기에 적은 구절. 「대가들」에는 "머리를 빠개뜨리면서 구더기의 본성에 대해서 20년 동안 연구를 한 뒤에 거미에 몇 가지 종류가 있다는 것을 발견했지만 사람에 대해서는 아무런 관심이 없는" 과학자 니컬러스 김크랙이 등장한다. 김크랙은 자신의 관심이 응용이 아니라 지식 그 자체이기 때문에, 개구리가 어떻게 수영을 하는가를 알기 위해서 실제 수영이 아니라 이론적이고 사변적인 수영을 연구한다고 뻐기는 사람이다. 관객은 이 우스꽝스러운 과학자 김크랙이 로버트 훅을 모델로 했다는 사실을 어렵지 않게 알아차렸고, 연극을 본 훅은 그날 "신은 내게 복수를 허한다"(Vindica me deus)고 부들부들 떨었다는 거.

훅은 그 유명세에도 불구하고 초상화가 한 장도 남아 있지 않은 과학자. 다음 그림은 훅에 대한 당대의 묘사를 바탕으로 훅의 얼굴을 상상해서 그린 초상화이다.

👍 좋아요   💬 댓글 달기   ➔ 공유하기

ROBERT HOOKE
1635 - 1703

로절린드 프랭클린의
비극적 일화

2013년 7월 25일 구글의 두들(Doodle). 38살에 요절한 로절린드 프랭클린이 태어난 지 93년째 되던 날을 기린 이미지다.

맨 오른쪽 X 이미지가 DNA 이중나선 구조를 낳았던 유명한 51번 사진 (Photo 51). DNA에 X선을 쪼여서 얻어낸 이미지이다. 그녀가 매우 힘들게 얻어낸 것인데, 그녀의 킹스 칼리지(King's College) 동료인 모리스 윌킨스가 허락도 없이 제임스 왓슨에게 보여주었다. 왓슨의 공동 연구자는 프랭클린처럼 결정학을 전공한 프랜시스 크릭이었는데, 크릭은 이 사진을 보고 DNA가 이중나선의 형태를 가지고 있다는 것을 직감하고, 곧바로 왓슨과 함께 모델 만들기를 시작했다. 그 결과가 설명이 필요 없는 1953년 4월 『네이처』 논문. DNA가 이중나선 구조를 가지고 있음을 최초로 주장한 논문이다.

프랭클린은 윌킨스와의 불화가 심화되어 킹스 칼리지를 떠나고, 애런 클럭(Aaron Klug)과 함께 바이러스 연구를 하다가 암이 발병해서 38살에 사망했다. 이때가 1958년. 4년 뒤인 1962년 노벨상이 DNA 구조 발견에 주어졌는데, 왓슨, 크릭과 함께 윌킨스가 수상을 했다. 연구자의 허락도 없이 사진을 (어찌 보면 경쟁 그룹에게) 보여준 사람이, 사진을 찍은 사람 대신 노벨상을 수상한 것이라고 볼 수도 있다. 바이러스 연구에 대한 그녀의 기여도 선구적인 것이었는데, 클럭은 1982년에 그녀와 함께했던 연구의 성과를 가지고 노벨상을 수상한다.

왓슨의 유명한 책 『이중나선』이 프랭클린을 괴팍한 여성으로 폄하한 것은 잘 알려져 있다. 『창조의 제8일』은 그보다 낫고, 브렌더 매덕스(Brenda Maddox)의 『로절린드 프랭클린과 DNA』는 상당히 객관적으로 프랭클린을 그렸다고 평가된다. NOVA의 다큐멘터리 「51번 사진의 비밀」(Secret of Photo 51)은 클럭이 소장한 프랭클린의 노트도 참조했기 때문에 이전에는 알려지지 않았던 얘기들도 등장한다. 이 1시간짜리 다큐멘터리를 먼저 보는 것을 강추!

👍 좋아요   💬 댓글 달기   ↱ 공유하기

슈뢰딩거의
스캔들

양자물리학의 '꽃'이라고 할 수 있는 슈뢰 딩거 방정식을 창안한 오스트리아 물리학 자 에르빈 슈뢰딩거(Erwin Schrödinger). 그 는 이 업적으로 노벨 물리학상을 수상했 다. 그렇지만 다른 물리학자들과 달리 그 는 젊었을 때부터 스피노자, 쇼펜하우어, 니체, 라마르크, 리하르트 제몬 등의 철학 에 심취했다. 게다가 『우파니샤드』를 읽은 뒤에 힌두 철학에 매료되었고…. 평생 지속 된 슈뢰딩거의 이런 철학적 탐구가 그의 양자물리학에 어떤 영향을 주었는지는 아 직 잘 모르겠다. 언젠가는 연구를 해보고 싶은 주제이다.

Quantum Physics and Love

In Search of
Schrödinger's Lovers

Michael Green

그렇지만 이런 철학이 그의 『생명이란 무 엇인가』(1944)에는 매우 큰 영향을 주었고, 이에 대해서는 오래전에 논문 을 하나 썼다. 특히 정보로서의 유전자 개념에 그의 철학적 사유가 녹아 들어 있다. 『생명이란 무엇인가』는 양자물리학과 양자화학에 정통한 물 리학자가 생명 현상을 물리적으로 해석한 책으로 알려져 있지만, 이런 면만 있는 것은 아니다. 이 책 곳곳에 그의 '이단적인' 철학이 녹아 있기 때문이다. 슈뢰딩거가 젊었을 때 출판한 『길을 찾아서』(1925)를 보면, 평생 지속된 이 철학적 연관이 훨씬 더 뚜렷하게 드러난다.

그는 소위 '바람둥이'로도 유명했다. 사랑에 대해서 그가 쓴 글을 보면 사랑이 인간의 삶에서 차지하는 비상한 위치와 역할에 대한 깊은 철학적 성찰이 잘 드러나 있다. 나도 슈뢰딩거의 유명한 몇몇 스캔들은 익히 알고 있는데(자신이 과외로 가르치는 여고생을 유혹하려고 온갖 노력을 다한 것 같은), 그에 대한 정보를 찾다 보니 그의 애인들에 대한 책이 나왔네. 51쪽의 짧은 책인데, 사볼 필요가 있는지 고민 중.

그런데 소개 글에 보니 애인들 리스트가 나오는데, 정말 길다… Lotte Rella, Felice Krauss, Irene Drexler, Ella Kolbe, Ithi Junger, Erica Boldt, Hilde March, Hansi Bauer-Bohm, Sheila May Green, Kate Nolan, Betty Dolan, Lucie Rie, and so on. 마지막에 and so so(등등)을 주목하시라.

👍 좋아요　　💬 댓글 달기　　↗ 공유하기

라부아지에
부인

화학자 라부아지에와 그의 아내 라부아지에 부인(처녀 시절 이름은 마리 폴즈)은 15살 차이가 났다. 이 정도 나이 차이가 큰 화젯거리는 아니지만, 이들이 결혼했던 나이를 보면 놀랍다. 라부아지에가 28살, 마리 폴즈가 13살 때였다. 마리 폴즈는 아름답고 총명했으며, 과학과 역사, 미술에 뛰어난 재능을 보였다. 아버지 자크 폴즈와 마리를 모두 다 잘 알던 다메르발 백작이 그녀가 13살 때 청혼을 했는데, 당시 백작의 나이가 쉰이었다. 아버지 자크 폴즈는 이 청혼을 그냥 거절할 수가 없어서, 마리에게 호감을 가지고 있던 '젊은' 라부아지에에게 마리와의 결혼을 제안했고, 라부아지에와 마리 모두가 이 제안을 기쁘게 받아들임으로써 둘의 결혼은 성사되었다.

마리 폴즈의 아버지는 세금 징수원이었고, 라부아지에도 한때 이 일에 종사했다. 프랑스혁명 이후 자코뱅파가 집권한 뒤에, 이 두 남자는 같은 날 참수형을 당했다. 남편과 아버지를 같은 날 잃은 것이었다. 그녀는 정신을 가다듬고 남편의 작업을 정리해서 『화학 논고』(*Mémoires de Chimie*)를 출판했으며 여기에 서문을 쓰기도 했다(이 서문은 최종 출판본에는 포함되지 않았지만).

호흡과 산소의 역할에 대한 라부아지에의 실험 과정을 그린 사람이 바로 라부아지에 부인이었다. 그녀는 그림 오른쪽에다가 실험을 기록하는 자신의 모습을 그려 넣었는데, 이 때문에 이 그림은 실험실에서 여성이 등장하는 최초의 그림이 되었다.

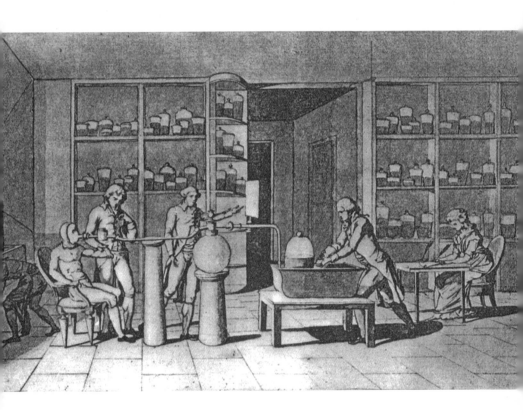

👍 좋아요　　💬 댓글 달기　　➤ 공유하기

재판받는
라부아지에

1794년, 보안위원회에서 재판을 받고 있는 근대 화학의 선구자 라부아지에(그림의 왼쪽).

좀 뻔뻔한 인물로 그려져 있다. 발 밑에 놓인 플라스크, 테이블 위의 약품들, 왼편의 노(爐)가 그가 과학자임을 짐작게 한다. 그림은 당시 프랑스 작가인 피에르 에티엔 르쉬외르(Pierre Étienne Le Sueur, 1790~1810)의 작품이며, 오른쪽에 등장하는 인물은 루이 16세를 변호했던 변호인.

라부아지에는 프랑스혁명의 와중에 구체제에서 세금 징수원으로 일했던 과거의 전력 때문에 기요틴(단두대)에 의한 참수형을 당했다. 그는 재판을 받으면서 연구를 위해 남은 생을 살 수 있게 해달라고 요청했는데, 혁명 재판정의 판사는 이 요청을 거절하면서 "우리 공화국은 과학자도, 화학자도 필요로 하지 않는다. 정의는 연기될 수 없다"라고 딱 잘라 말했다고 한다. 그가 죽은 뒤에 그의 친구이자 수학자인 라그랑주는 "그의 머리를 베어버리는 데에는 순간으로 족하지만, 그와 같은 머리를 다시 만들려면 100년도 더 걸릴 것이다"라고 한탄했다. 이후 뛰어난 화학자가 많이 나왔지만, 그 뒤 100년 동안 적어도 프랑스가 라부아지에처럼 뛰어난 화학자를 가지지 못했던 것은 확실한 것 같다.

Comité de sûreté générale. « Dans les jours de la Terreur, il partait chaque jour de ce terrible comité une quantité effrayante de mandats d'arrêts... »
À gauche, le chimiste Lavoisier; à droite, Malesherbes, défenseur de Louis XVI. Gouache de Pierre Étienne Le Sueur. (Musée Carnavalet, Paris.)

👍 좋아요　　💬 댓글 달기　　➦ 공유하기

앙페르 가족의
비극

19세기 초 프랑스에서 최고의 미인으로 꼽혔던 레카미에 부인(Madame Récamier). 유명한 화가 자크-루이 다비드(Jacques-Louis David)가 23살의 레카미에를 그린 걸작이다. 레카미에의 파리 살롱에 드나들면서 그녀의 측근을 자처한 사람들 중에는 프로스페르 메리메, 뱅자맹 콩스탕, 장 빅토르 마리 모로, 테레즈 탈리앵, 장 밥티스트 쥘 베르나도트, 프랑수아르네 드 샤토브리앙, 장자크 앙페르 등이 있었다.

자크-루이 다비드의 「레카미에 부인의 초상」(1800)

장자크 앙페르라는 젊은 인문학자는 프랑스의 유명한 물리학자 앙드레 마리 앙페르의 외동아들이었다(전자기학에서 '암페어의 법칙' 할 때 그 앙페르). 장자크 앙페르는 레카미에 부인의 총애를 얻고 그녀의 측근에 머무르는 것만으로 충분히 만족했는데, 아버지는 결혼을 하지 않고 살롱에만 출입하는 이런 아들을 보면서 억장이 무너지는 심정을 기록하고 있다.

물리학자 앙페르의 아버지는 리옹의 부유한 비단 제조업자였는데, 앙페르가 15살 때 자코뱅파에 의해 숙청되어 처형당했다. 아버지를 잃은 슬픔을 딛고 성장한 앙페르가 몇 년을 구애해서 결혼한 부인은 장자크를 낳고 시름시름 앓다가 얼마 안 되어 사망했고, 재혼을 해서 얻은 둘째 부인과 장모는 무지막지하게 거친 성격에 돈만 밝혔던 사람이었다. 둘째 부인과의 사이에서 얻은 딸은 폭군이자 술주정뱅이인 군인과 결혼해서 평생 가정 폭력에 시달렸고 앙페르는 이 둘을 끊임없이 중재해야 했다. 유일한 아들은 재색을 갖춘 살롱 마담을 쫓아다니고….

앙페르는 이런 불행한 개인사를 종교와 과학의 힘으로 이겨냈던 것 같다. 그는 종교적 신념과 유사할 정도의 과학적 확실성을 추구했고, 현상의 배후에 있는 인과관계의 실재에 대한 강력한 믿음을 표출했으며, 이런 과학적 인과관계의 실재는 영혼과 신의 존재를 증명한다고 믿었다. 이런 그의 신념은 그의 힘겨웠던 삶을 생각하면 더 잘 이해가 된다.

👍 좋아요   💬 댓글 달기   ➔ 공유하기

그로브스와
오펜하이머

제2차 세계대전 동안에 이루어진 미국 원자탄 개발 계획인 맨해튼 프로젝트에서 가장 중요한 역할을 담당했던 사람은 로버트 오펜하이머(Robert Oppenheimer)와 레슬리 그로브스(Leslie Groves)였다. 군인 그로브스는 맨해튼 프로젝트의 총책임자였고, 오펜하이머는 원자탄을 제조했던 로스앨러모스 연구소의 소장이었다.

로스앨러모스 실험실은 세 발의 원자탄을 제조했는데, 그중 첫 번째 원자탄을 1945년 7월 16일에 뉴멕시코의 사막에서 실험적으로 터트렸다. 이 실험의 암호명은 트리니티(Trinity). 그러고는 히로시마와 나가사키에 원자탄이 투하되었다.

9월 6일에 오펜하이머와 그로브스는 트리니티 실험이 이루어졌던 장소를 방문했다. 그때 여러 과학자들, 기자들과 사진사들도 함께 이 장소를 방문해서 사진을 찍었다. 원자폭탄이 떨어진 장소를 두 달도 안 돼서 방문했던 것이다. 방사능물리학에 정통했던 오펜하이머는 원자폭탄이 만든 방사능이 2주 정도 시간이 지나면 다 없어진다고 생각했다. 당시에 물리학자들조차 방사능의 위험을 과소평가했던 것이다. 실제로 로스앨러모스에서 우라늄, 플루토늄을 가지고 실험을 했던 많은 물리학자들이 나중에 암으로 사망했다. 오펜하이머와 그로브스도 예외가 아니었고.

오펜하이머(왼쪽)와 그로브스

👍 좋아요　　💬 댓글 달기　　➡ 공유하기

키잡이
호킹

천재 천체물리학자 스티븐 호킹의 젊은 시절을 다룬 영화 「사랑에 대한 모든 것」(원제는 Theory of Everything)에서 호킹 역을 맡았던 남자 주인공 에디 레드메인이 아카데미 남우주연상을 받았다는 얘기를 듣고 사진 한 장이 생각났다.

1960년대 초 스티븐 호킹은 옥스퍼드 대학의 조정 동호회에서 키잡이 역할을 맡았는데, 당시 동호회 멤버들이 모두 모여서 사진을 찍었다. 이 사진은 호킹의 자서전 『내 짧은 인생사』(원제는 *My Brief History*이며, 우리나라에서는 『나, 스티븐 호킹의 역사』라는 이름으로 출간되었다)의 표지로도 사용되어 잘 알려졌지만, 아마 호킹의 젊은 시절의 모습을 모르는 사람도 그가 누구인지 짐작으로 알 수 있을 듯(모든 멤버 중 가장 튀는 사람!).

당연히 멤버들은 모두 남성이었으며, 동호회의 분위기가 마초 성향이라는 건 안 봐도 뻔하고. 조정 동호회의 멤버들은 일주일 중 6일 동안 오후 시간을 내서 연습을 해야 했다. 당시 어느 멤버가 회고한 바에 의하면 호킹은 키잡이 역할을 하는 도중에도 하늘을 보고 머릿속으로 수학 공식을 계산하는 것 같은 표정을 짓는 적이 많았다고 한다. 또 호킹은 조정 연습 때문에 오후에 해야 하는 실험 수업에 성실하게 출석할 수 없었는데, 실험을 다 하지 않고서도 마치 다 한 것처럼 '명석한' 보고서를 작성해서 내곤 했다는.

사진도, 사진 속의 인물도 이제는 모두 전설이 되어버린.

👍 좋아요   💬 댓글 달기   ↗ 공유하기

154

옥스퍼드 대학 조정 동호회 멤버들. 손수건을 들고 있는 이가 호킹이다.

서재에서 시작한
과학자의 삶

『내 인생은 서재에서 시작되었다』라는 책을 보면서, 정말 서재(도서관)에
서 인생이 시작된 사람이 생각났는데…. 46살에 요절한 '천재' 과학자 월
터 피츠(Walter Pitts).

디트로이트 빈민가에서 태어난 그는 학교도 변변히 다
니지 못하던 소년이었다. 12살의 그는 어느 날 동네 불량
배들에게 쫓겨 한 도서관에 숨어 들어갔고, 거기에서 손
에 잡힌 책들을 읽다가 러셀의 『수학 원리』(Principia
Mathematica)에 빠져들었으며, 이 어려운 수리
논리학 책을 3일 동안 독파했다. 그는 자
신이 분석한 이 책의 제1부에 대한 견해
를 영국에 있는 러셀에게 편지로 보냈
고, 이런 인연은 그가 15살 때 시카
고 대학교의 교환교수를 지내기
위해 시카고에 머물던 러셀과의 만
남으로 이어졌다. 러셀은 그를 시카
고 대학의 교수로 재직하던 과학철학자
루돌프 카르납(Rudolf Carnap)에게 소개했고,
카르납은 그에게 대학의 잡일을 하는 일거리를
주면서 그와 협업을 했다. 이후 피츠는 생리학

자 워런 매쿨럭(Warren McCulloch)과 인간의 뇌신경을 컴퓨터 전기회로의 유비를 사용해서 분석한 기념비적인 논문(1943)을 공저했다. 그는 나중에 움베르토 마투라나(Humberto Maturana), 제리 레트빈(Jerry Lettvin)과도 협업해서 개구리의 시각과 뇌 인지에 대한 역시 기념비적인 논문을 저술했다.

피츠는 학위를 따서 대학교수나 연구원 같은 안정된 직장을 잡으라는 주변의 권유를 받아들이지 않고, 평생 '무학'으로 살면서 여기저기 떠도는 생활을 했다. 그는 사이버네틱스를 창안한 노버트 위너(Norbert Wiener)와 가까워졌다가 그와의 관계가 파탄이 나면서 심한 스트레스와 우울증에 시달렸고, 결국 그 와중에 얻은 질병으로 젊은 나이에 사망했다. 빈민가의 도서관에서 시작했던 불꽃처럼 짧은 학자적 삶이었다.

👍 좋아요　　🗨 댓글 달기　　↪ 공유하기

생물학자 워딩턴의
생일 파티에 등장한 핀볼 기계

최근 멘델유전학의 대안적인 패러다임으로 부상하는 후생유전학 (epigenetics)의 기초를 닦은 과학자가 콘래드 워딩턴(Conrad Waddington) 이다. 그런데 그의 쉰 살 생일 파티에서는 친구와 제자들이 핀볼 기계를 준비해서 그를 깜짝 놀라게 해줬다고.

왜 핀볼 기계냐고? 후생유전학은 환경이 유전자의 발현에 미치는 영향을 강조하는데, 워딩턴은 이를 설명하기 위해서 계곡에서 공이 굴러떨어지다가 장애물을 만난 뒤에 여러 가지 가능한 경로가 생기는 비유를 들었기 때문. 조금만 생각해보면, 핀볼 게임기가 바로 이런 원리를 이용한 것이다.

최근에 줄기세포 연구자들도 줄기세포의 분화와 리프로그래밍 (Reprogramming)을 이미지로 재현하기 위해서 핀볼 기계 그림을 종종 사용한다. 도박과 게임에나 사용되는 기계가 과학에서 훌륭한 메타포 역할을 하는 사례.

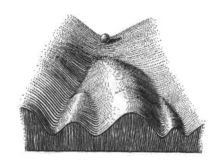

전자기파의 발견자 하인리히 헤르츠, 그의 덜 알려진 『역학의 원리』에 대한 얘기

1889년 4월에 전자기파의 발견자인 하인리히 헤르츠(Heinrich Hertz)는 본 대학의 물리학과 교수와 물리연구소 소장직을 수락했다. 그는 이 시기에 역학의 이론에 대해서 연구했다. 그는 뉴턴 역학에서 사용된 중력과 같은 힘(force)이라는 개념 없이 역학을 서술하는 방법을 고민했고, 숨겨진 질량(hidden mass)과 숨겨진 운동(hidden motion)이라는 개념을 도입하면 뉴턴 역학에서 도입한 힘이라는 개념 없이 역학에서 다루는 물체의 운동을 동일한 방식으로 기술할 수 있음을 보였다.

이 연구를 진행하던 1892년에 헤르츠는 편두통을 한 차례 심하게 앓고 나서 이것이 감염에 의한 것이라는 진단을 듣고 수술을 받았다. 그런데 수술로 인한 패혈증이 심해져서 이빨이 모두 빠지는 정도의 극심한 통증에 시달렸다. 가장 뛰어난 제자가 매우 아프다는 소식을 들은 스승 헤르만 헬름홀츠(Hermann von Helmholtz)가 편지로 안부를 물었는데, 헤르츠는 오히려 연로한 스승의 건강을 걱정하는 답장을 보냈다. 헤르츠는 병마를 이겨내지 못하고 1894년 1월 1일에 36세라는 젊은 나이로 세상을 떠났다. 역학에 대한 그의 연구는 사후에 『역학의 원리』(*Die Prinzipien der Mechanik in neuem Zusammenhange dargestellt*, 1894)라는 제목으로 출판되었다.

헤르츠의 『역학의 원리』는 과학계 내에서는 거의 주목을 받지 못했다.

뉴턴 역학을 정면으로 공격했지만, 그가 제시한 숨겨진 질량이나 숨겨진 운동이라는 개념이 모호할 뿐만 아니라, 실험적으로도 검증될 수 없어 보였기 때문이다. 무엇보다 과학자들은 뉴턴의 힘의 개념과 숨겨진 질량이라는 개념을 비교했을 때, 전자가 훨씬 더 직관적이고 실체적인 것이라고 생각했다.

그런데 이 책에 대한 관심은 예상치 않았던 곳에서 나왔다. 빈 출신으로 과학에 관심이 많았던 루트비히 비트겐슈타인(Ludwig Wittgenstein)이라는 소년이 10대 시절에 이 책을 발견해서 읽었고, 그는 진리라고 알고 있던 뉴턴의 역학이 전혀 다른 방식으로 기술될 수 있다는 사실에 충격을 받았다. 세상은 하나인데, 전혀 다른, 그렇지만 동일한 결과를 내는 과학적인 기술이 가능하다면, 대체 세상에 대한 우리의 언

하인리히 헤르츠 탄생
100주년 기념우표

술은 무엇인가? 뉴턴 역학이 그렇다면, 세상에 대한 우리의 다른 언술이 참된 언명이라고 볼 수 있는 근거는 무엇인가? 그는 철학이 세상을 분석하는 것이 아니라 세상을 기술한다고 알려진 우리의 언어를 분석해야 한다고 생각하기 시작했다. 이것이 그의 언어분석철학의 출발이었다.

창의적인 생각의 영향은 이렇게 엉뚱한 곳에서 종종 나타난다. 이것이 과학사, 사상사가 흥미로운 이유 중 하나.

👍 좋아요   💬 댓글 달기   ↗ 공유하기

파인먼이
멀리했던 사람들

20세기 최고의 물리학자로 꼽히는 리처드 파인먼(Richard Feynman)이 폴란드의 학회에 참석하면서 아내에게 보낸 편지. 다른 학자들의 발표가 왜 한심한지를 여섯 가지 유형으로 나눠서 설명해준다.

이번 학회에서는 얻은 것이 전혀 없소. 정말 아무것도 배운 것이 없소. 이 분야에서는 실험되는 것이 없기 때문에 연구 활동이 활발하지 못하고 따라서 훌륭한 과학자들은 이 분야에서 일을 하지 않고 있소.

그 결과 이곳에는 멍청한 사람들 여럿(126명)이 와 있으며 그 때문에 나는 혈압만 올라가오. 말도 안 되는 내용들이 발표되고 또 그것들이 진지하게 토의되고 있소. 정규 분과회의 이외의 시간에(예를 들면 점심 시간에) 사람들이 나에게 와서 질문을 하거나 자기들의 '연구'라고 하는 것에 대해서 이야기하기 시작할 때마다 나는 참을 수가 없어서 그들과 논쟁을 하게 된다오. 그 소위 '연구'란 것이 항상

1) 전혀 이해할 수 없는 것이거나
2) 의미가 분명치 않고 애매모호한 것이거나
3) 분명하고 자명한 사실이지만 괜히 길고 어려운 방법으로 풀어서 마치 중요한 발견이나 한 것처럼 발표한 것이거나
4) 수년 동안 인정되고 확인되어 정설이 되다시피 한 사실들을 자신

의 엉뚱한 생각에 근거해서 틀리다고 주장하는 것이거나(이것이 최악의 경우요. 왜냐하면 바보를 납득시킬 방법은 세상에 없기 때문이오.)

5) 아마도 불가능하며 쓸모가 없는 것이 분명하고 결국에 가서는 실패로 끝나게 될 일을 하려고 시도하는 것이거나(후식이 왔고 먹었소)

6) 또는 잘못된 것을 옳다고 주장하는 따위요.

요즘에는 '이 분야의 연구 활동'이 활발히 진행 중이라고 하지만 그 '연구 활동'이라는 것은 주로 전에 다른 사람들이 했었던 '연구 활동'이 잘못된 것이라든지 전혀 소용이 없는 것이라든지 아니면 앞으로 가능성이 있다든지 하는 것들을 보여주는 것뿐이라오. 내가 다음에 또다시 중력이론에 관한 학회에 참가하려고 하거든 제발 말려주기 바라오!

이미 다른 사람이 다 했던 얘기를 마치 처음 하는 것처럼 조금 바꿔서 얘기하는 학자가 생각보다 많다. 가장 참기 힘든 유형의 학자들.

👍 좋아요　　💬 댓글 달기　　➡ 공유하기

처칠랜드 부부:
뇌는 곧 나

패트리셔 처칠랜드(Patricia Churchland)와 폴 처칠랜드(Paul Churchland)는 유명한 신경철학자 부부이다. 부인은 매카서 펠로십 수상자이기도 한데, 이 둘은 다 "나는 내 뇌이다"라는 강도 높은 신경근본주의 이념의 설파자이기도 하다. 폴이 패트리셔의 인물 사진이 아닌 그녀의 뇌영상 사진을 지갑에 넣어 가지고 다니는 걸 본 사람이 깜짝 놀라 물어봤다고 한다. 그러자 폴은 자기에게는 뇌가 곧 인간 전체와 같기 때문에, 뇌영상 사진이 인물 사진과 다를 바가 없다고.

한때는 뇌가 인간의 전부라고 생각한 적도 있었다. 그렇지만 내 몸을 떠난 뇌는 존재할 수 없고, 내 몸을 떠난 세상에 대한 인식도 존재할 수 없다. 요즘은 나는 내 뇌이자, 뇌를 포함한 내 몸이자, 내가 맺은 연관의 총체, 즉 이 세상 모두라는 생각을 한다. 나라는 자아 아트만은 범세계인 브라만과 다르지 않다.

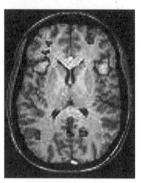

패트리셔 처칠랜드(위)와
남편 폴이 가지고 다니는
그녀의 뇌영상 사진(아래).

👍 좋아요　　🗨 댓글 달기　　➜ 공유하기

발명가들의
목숨을 건 쇼

발명가들은 자신의 발명의 대단함을 알리기 위해서 대중을 모아두고 '쇼'를 하는 경우가 많습니다. 그런데 새로운 발명이 위험하지 않다는 것을 보이는 가장 극적인 방법은, 발명가 자신이 쇼의 주역이 되는 것입니다. 역사를 통해 많은 발명가들이 '위험을 무릅쓰고' 이런 쇼의 주인공을 택했습니다. 아마 자신의 발명에 대해서 다른 누구보다도 확신을 가지고 있었기 때문이겠지요.

시카고의 신부 캐시미어 제글런 (Casimir Zeglen)은 비단을 사용해서 방탄조끼를 만들었는데, 이 방탄조끼는 최초의 방탄조끼로 기록되어 있습니다. 그는 경찰과 신문기자들이 보는 앞에서, 이 조끼를 입고 총 세 발을 동시

BULLET-PROOF VEST RESISTS FIRE OF THREE PISTOLS

To demonstrate the effectiveness of a bullet-proof vest he invented, a New York man donned the garment, posed as the target and allowed three policemen to shoot at him at close range. Repeated fire of thirty-eight and forty-five caliber bullets failed to penetrate the vest. The missiles were flattened against the sides of the protector and fell harmless to the

Inventor, Protected by Bullet-Proof Vest, Withstands the Simultaneous Fire from Three Pistols

ground. Following this demonstration, young women put on the vests and also served as targets.

에 쏘는 시연을 감행했습니다. 그의 시연 성공은 방탄조끼가 대서특필되고, 대중들의 뇌리에 각인되는 데 큰 역할을 했지요.

엘리베이터는 19세기 초부터 만들어졌습니다. 그런데 사람들이 엘리베이터를 설치하거나 타기를 꺼린 이유는 줄이 끊어질 경우에 대형 참사가 난다는 것 때문이었습니다. 일라이셔 오티스(Elisha Otis)는 엘리베이터에 안전 브레이크를 달아서, 줄이 끊어져도 바닥에 충돌하지 않는 안전 엘리베이터를 만들었습니다. 그는 자신의 발명을 알리기 위해서 대중들이 보는 시연장에서 엘리베이터를 설치하고, 자신이 그걸 타고 높이 올라간 뒤에, 사람들이 보는 앞에서 줄을 끊었습니다. 엘리베이터는 떨어지는 듯하다가 곧 멈췄고, 그의 회사는 엘리베이터 사업의 선두주자가 되었습니다.

엘머 스페리(Elmer Sperry)는 자동항법장치 자이로스코프의 선구적 발명가였습니다. 그는 자신의 자동항법장치가 작동한다는 것을 보이기 위해서 함께 비행기에 탔던 조수를 조종석 밖으로 내보내서 날개 위에 서 있게 하고 자신은 두 손을 다 들어 조종을 하고 있지 않다는 것을 증명했습니다. 이 '쇼' 역시 자동항법장치의 개발에 큰 몫을 하게 됩니다.

이런 '쇼'는 매우 신중하게 기획됩니다. 앞에서 보는 것보다 백스테이지(backstage)가 훨씬 복잡한 경우가 대부분이며, 실제보다 좀 더 과장된 결과를 보여주는 경우도 많습니다. 쇼가 실패하는 경우도 많이 있습니다. 무선전신의 아버지 마르코니는 새로운 기술의 시연을 준비하면서 자기 생각처럼 기계가 작동하지 않자 트릭을 쓰기도 합니다.

지금도 새로운 기술이 나왔을 때 이런 쇼를 합니다. '신기술과 쇼'라는 주제는 기술사학자가 본격적으로 연구해도 좋을 주제입니다.

👍 좋아요　　💬 댓글 달기　　➔ 공유하기

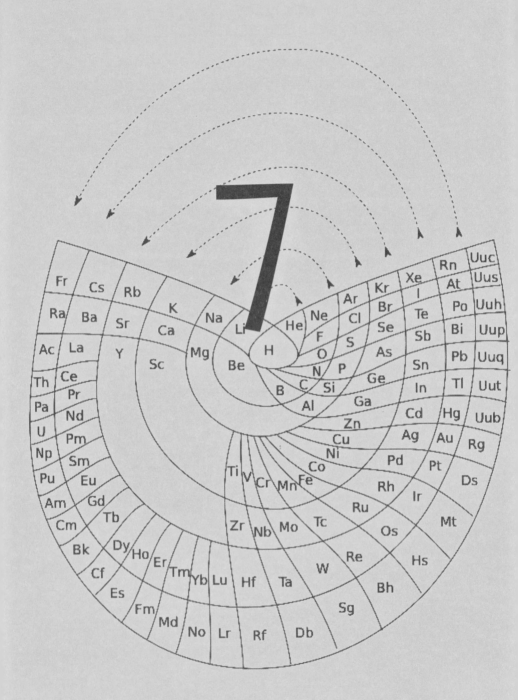

출판되지
않은 것들

홍박사의

과학
일단
상상하
자

손편지

토론토 대학교에서 교수가 될 무렵에 미국 사립학교 나와서 좋은 대학에서 수학하고 좋은 대학에서 과학사 박사 받은 애들이 너무 부러웠다. 영어는 모국어니까 잘하지만, 고등학교 다닐 때 프랑스어, 독일어는 기본이고, 라틴어, (어떤 애들은) 그리스어까지 공부를 해서 15~18세기 사료들을 보는 데 막힘이 없고, 대학 다닐 때 프랑스나 독일 같은 유럽 국가에서 1~2년 공부를 한 경험이 있어 서양 과학의 본산지인 유럽의 문화에도 빠삭했기 때문이다. 내가 공부할 때는 제2외국어 2개 시험을 패스해야 했는데, 사전 찾아가면서 떠듬떠듬 해석할 정도의 독해력만 있으면 패스(60점 이상)하는 데 별 문제가 없었다. 독일어, 프랑스어 시험을 봤지만, 시험 보고 몇 년 안 쓰다 보니 이것마저 다 까먹었다.

박사 논문을 쓰기 위해 케임브리지의 아카이브를 방문했을 때, 켈빈이 맥스웰에게 보낸 엽서 한 장을 읽는 데 하루 종일 걸렸다. 그의 필기체가 해독이 안 되는 것이었다(물론 켈빈의 필기체는 상대적으로 어려운 편이었지만). 그러고도 결국 독해를 제대로 못하고 하숙집에 돌아오는 데 눈물이 나더라.

이 간극을 어떻게 극복할까? 그때도 그렇고 지금도, 답이 없다.

👍 좋아요　　💬 댓글 달기　　↗ 공유하기

파인먼의
스케치

물리학자 리처드 파인먼은 『파인만 씨, 농담도 잘하시네』에서 친구 예술가 지라이르 조시안으로부터 예술을 배운 경험에 대해서 기록하고 있다. 그는 자신이 느끼는 세상의 아름다움을 다른 사람에게 표현해주고 싶었던 것이 예술을 배우게 된 동기였다고 회고했다. 예술을 배우는 동안 파인먼은 예술을 가르치는 사람들이 "이건 틀렸으니, 저렇게 하라"라는 얘기를 하지 않고, 마치 삼투압 과정이 일어나듯이 예술의 정신을 교육하는 것을 발견하고, 이런 교육법을 물리의 정신이 아니라 문제를 푸는 기술만을 가르치려는 물리학자의 교육법과 비교하고 있다.

파인먼의 스케치와 그림들은 『파인먼의 예술: 호기심 많은 한 인물의 이미지들』이라는 책으로 출판되었는데, 오래전에 절판되었다. 그 대신 한 웹사이트에서 그의 작품을 모아두었다(http://www.museumsyndicate.com/artist.php?artist=380). 그의 작품 중에서 물리 공식과 스케치를 한 장의 도화지에 담은 그림이 흥미롭다.

👍 좋아요   💬 댓글 달기   ➔ 공유하기

공룡이
멸종하지 않았다면?

공룡이 멸종하지 않았다면 스테노니코사우르스가 진화해서 공룡인 (dinosauroid)이 출현하고, 지금 인류가 아닌 이 공룡인들이 지구를 지배하고 있을지도. 『통섭』의 저자 에드워드 윌슨의 『지구의 정복자』에서 나오는 상상. 윌슨은 모든 진화가 결국 복잡하고 고등한 동물인 인간 비슷한 형태로 진화할 것이라고 생각한다.

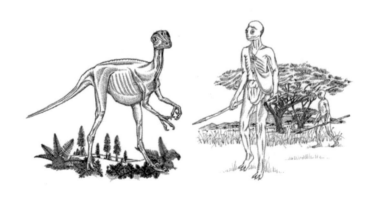

중생대 말기에 살았던 공룡 스테노니코사우르스와 이 공룡이 진화해 생겼을
고등 생명체 공룡인의 상상도

캐나다 오타와의 자연사박물관에는 스테노니코사우르스와 공룡인의 모형이 있다.

👍 좋아요　　💬 댓글 달기　　↪ 공유하기

레오나르도 다빈치의
영구기관 노트

1경 5천조 원의 부가가치를 낳는 영구기관을 만든 발명가가 프레스센터에서 기자회견을 한다고(2014. 6. 23). 그런데 몇백 년 전에 레오나르도 다빈치가 이미 여러 개 발명했기 때문에 특허 내기 어려울걸?

'균형 잃은 바퀴'(overbalanced wheel)는 9세기부터 그 기원이 발견될 정도로 오래된 것이고, 다빈치나 로버트 플러드(Robert Fludd)처럼 과학기술사에 이름이 등장하는 사람들도 깊은 관심을 가졌던 기술. 그런데 영구기관에 대한 관심이 과학이나 기술을 발전시키는 데 의미 있는 기여를 한 것 같지는 않다. 물론 개중에는 성공적으로 특허를 받은 것도 많이 있지만.

👍 좋아요　　💬 댓글 달기　　➔ 공유하기

우리나라 사람이 발명했다고 대서특필된 영구기관

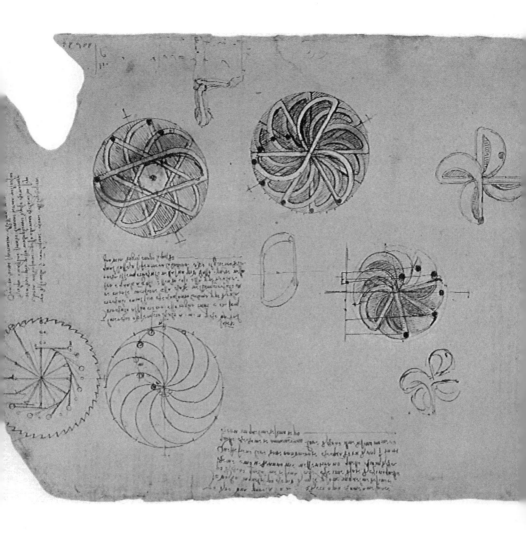

다빈치가 스케치한 '균형 잃은 바퀴'.
이후 영구기관의 한 가지 원형을 제공했다.

진화론의
계통도

미국 대학생(하버드 대학의 에스터 햄버거Esther Hamburger)이 숙제로 제출
한 진화 사상의 역사 포스터. 디테일이 놀랍다. 다윈 뒤에는 어려서 죽은
다윈의 딸의 묘비가 있는데, 일부 역사학자들은 딸 앤의 죽음을 다윈의
삶에서 가장 중요했던 사건으로 꼽고 있다. 다윈은 아무 '죄'가 없는 딸이
일찍 죽은 것을 보고, 신앙을 버리고 무신론으로 돌아서면서 진화론에
대한 믿음이 더 강해졌기 때문.

그림에서 아래 한가운데에 있는 다윈의 오른쪽은 '다윈의 불도그'인 토
머스 헉슬리, 그 옆은 다윈이 세계여행에서 탔던 배 비글호와 그 선장 피
츠로이이다. 다윈의 왼쪽은 진화론을 동시에 발견한 앨프리드 러셀 월
리스이다. 이 숙제를 낸 학생이 어떤 성적을 받았는지 궁금하다.

👍 좋아요　　💬 댓글 달기　　➦ 공유하기

영화 「닥터 스트레인지러브」의 부제는 어떻게 지어졌는가

스탠리 큐브릭의 일기의 한 페이지. 그의 명작 「닥터 스트레인지러브」
(Dr. Strangelove or: How I Learned To Stop Worrying And Love The Bomb, 1964)
의 제목을 정할 때, 그가 고민했던 후보들을 보여준다.

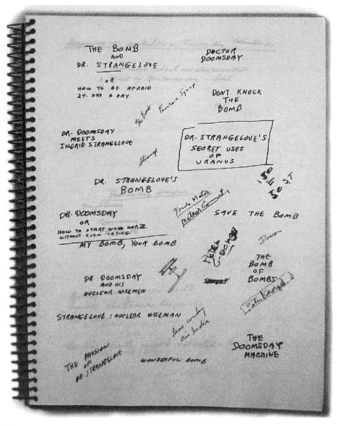

Doctor Doomsday

Dr. Doomsday and his Nuclear Wiseman

Dr. Doomsday Meets Ingrid Strangelove

Dr. Doomsday or: How to Start World War III Without Even Trying

The Doomsday Machine…

등이 고려되었음을 볼 수 있는데, 그가 가장 마음에 들어한 제목은 Dr. Strangelove's Secret Uses of Uranus(닥터 스트레인지러브의 천왕성 사용 비법)였다는 거. Uranus(천왕성)라는 단어는 그리스 신화의 신 우라노스에서 왔는데, 우라늄이라는 원소 이름도 여기에서 나왔다.

이 영화를 처음 봤을 때 부제 How I Learned to Stop Worrying and Love the Bomb(어떻게 걱정을 그만두고 폭탄을 사랑하는 법을 배울 것인가)의 의미를 한참 고민했던 게 생각이 나네. 이렇게 많은 이름 후보들 중에서 선택되었다는 것을 알았다면 고민하지 않았을 텐데.

👍 좋아요   💬 댓글 달기   ➔ 공유하기

가지각색 주기율표

"수, 헬, 리, 베, 붕, 탄, 질, 산…" 내가 주기율표를 외웠던 방식.

독자들은 사각 박스 모양의 멘델레예프 주기율표를 기억할 텐데, 이 표준 형태 외에 정말 다양한 주기율표가 있다. 그중에서는 미학적으로 예쁜 것들도 수두룩. 문제는 아직 투박한 박스 모양의 고전적인 멘델레예프 주기율표를 대체한 것이 없다는 사실. 단, 아래 그림의 오른쪽 나선형 비슷한 모양이 가장 유력한 대안으로 떠오르는 중.

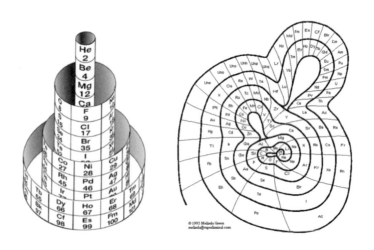

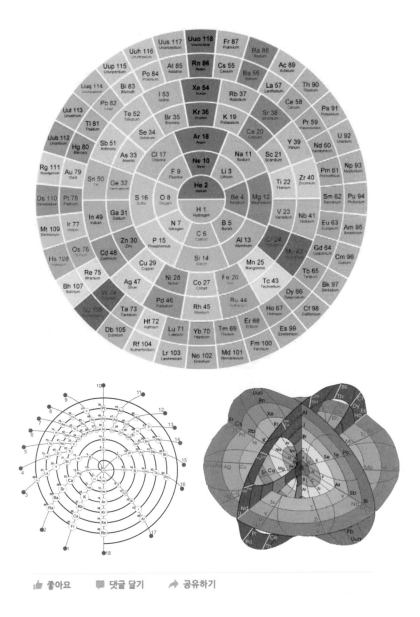

출판되지 않은 것들

CHEMICAL GALAXY II

A NEW VISION OF THE PERIODIC SYSTEM OF THE ELEMENTS

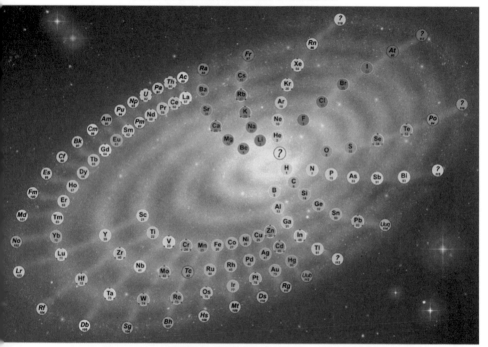

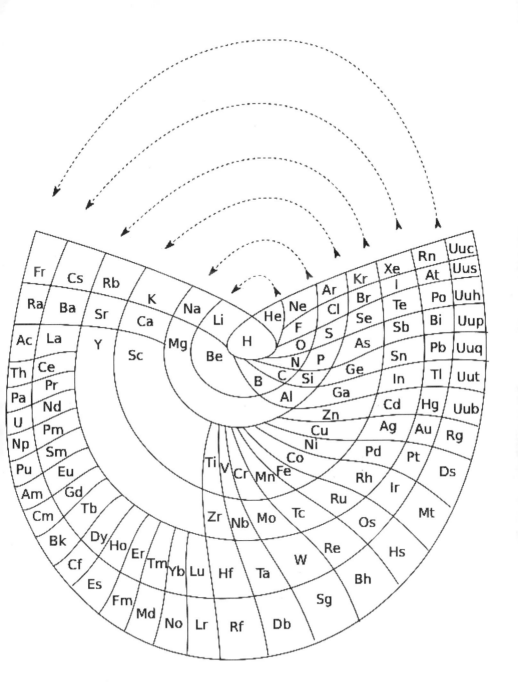

8

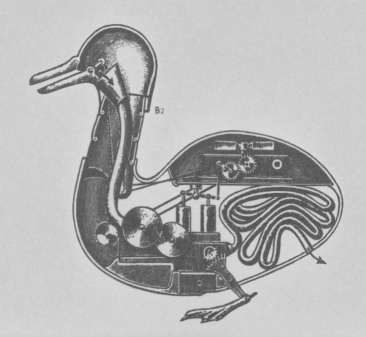

B2

예술

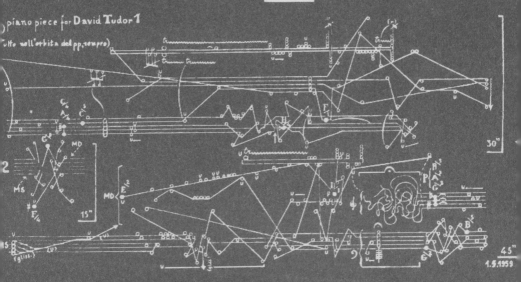

piano piece for **David Tudor 1**

(tutto nell'orbita del pp, sempre)

홍박사의

과학
일단
상상하
자

유전자 결정론을
비판한 예술

나탈리 제레미젠코(Natalie Jeremijenko)의 '원 트리 프로젝트'(One Tree[s] Project). 실제로 이 제목은 1천 그루의 나무(One Thousand Trees)를 의미한다.

하나의 나무에서 복제한 1천 개의 유전적으로 동일한 나무를 실험실에서 키우다가 샌프란시스코의 여러 다른 지역에 옮겨 심었다.

공장 근처에 심었는지, 길거리에 심었는지, 나무에 좋은 토양을 가진 지역에 심었는지에 따라 나무의 성장은 천차만별을 보인다. 유전자만이 아니라 환경의 영향 역시 당신을 만드는 데 결정적인 요소라는 메시지를 전해준다.

👍 좋아요　　💬 댓글 달기　　↗ 공유하기

One Tree, Natalie Jeremijenko

Chronicle / Lea Suzuki

「유령 트럭」:
참사를 부른 거짓말에 대한 비판

2003년 미국 국무장관 콜린 파월이 이라크가 '대규모 살상 생물 무기 제조용 트럭'을 보유하고 있다고 UN에 보고함으로써, 이라크 침공을 정당화하고 전쟁을 시작했다.

그렇지만 이라크 침공 직전에 발견된 이 트럭은 기후 연구를 위해 풍선을 띄우는 트럭이었다. 미국의 예술가 이니고 망글라노-오바예(Iñigo Manglano-Ovalle)는 「유령 트럭」(Phantom Truck)이라는 작품에서 이 트럭을 실물 크기로 재현해서 어두운 공간에 마치 유령처럼 전시함으로써, 존재하지 않는 유령 트럭이 대규모 살상과 테러를 촉발했음을 암시한다.

👍 좋아요　　💬 댓글 달기　　➤ 공유하기

2003년 미국이 이라크에서 발견한 트럭,
생화학무기를 제조하는 이동식 공장이라고 간주되었다.

이니고 망글라노-오바예의 「유령 트럭」

예술

양자역학과
예술의 만남

'슈뢰딩거의 고양이'는 물리학자 슈뢰딩거가 양자역학의 정통 해석인 '코펜하겐 해석'을 비판하기 위해서 만든 가상적인 실험. 코펜하겐 해석은 관찰자의 관찰이 대상에 영향을 준다고 보는데, 슈뢰딩거가 비판한 지점은 바로 이것이었다. 방에 알파 입자가 붕괴해서 방사능이 나오는 기계가 있고, 이 입자가 나오면 이것이 가이거 카운터를 작동시키며, 이것이 다시 망치를 작동시켜서 독가스가 담긴 병이 깨진다. 그럴 경우에 고양이는 죽게 된다.

그런데 알파 입자가 붕괴하는 것은 미시 세계의 양자역학적 과정이고, 코펜하겐 해석에 의하면 확률적으로 일어난다. 따라서 알파 입자가 붕괴할 확률이 1/2이라고 하면, 결국 고양이가 죽을 확률이 1/2이라는 것이다. 즉, 방 속의 고양이는 산 상태 반과 죽은 상태 반이 중첩된 채로 존재하게 되지만, 우리가 창으로 고양이를 들여다보는 행위가 고양이를 살게 하거나 죽게 한다는 것이다. 슈뢰딩거는 이런 해석이 말도 안 된다고 생각했던 것이다.

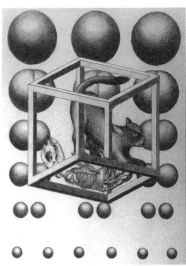

지에 치의 「슈뢰딩거의 고양이」

MIT 미디어랩에서 박사 과정을 밟고 있는 예

술가 지에 치(Jie Qi)가 그린 슈뢰딩거의 고양이. 죽은 고양이와 산 고양이가 불가능한 도형을 매개로 한 공간에 위치한다.

반면에 정통 코펜하겐 해석을 모티프로 한 작품도 있다. 율리안 포스 안드레아(Julian Voss-Andreae)의 「양자 인간」(Quantum Man). 입자–파동의 이중성, 혹은 불확실성 원리처럼 보였다가 사라졌다 한다. 포스 안드레아는 『네이처』에 논문을 내기도 했던 물리학자 출신의 예술가.

율리안 포스 안드레아의 「양자 인간」

👍 좋아요　　💬 댓글 달기　　↗ 공유하기

괴상한 악보

20세기 이탈리아 작곡가 실바노 부소티(Sylvano Bussotti)의 악보들. 들뢰즈와 가타리가 『천 개의 고원』 서문에서 언급하기도 했던….

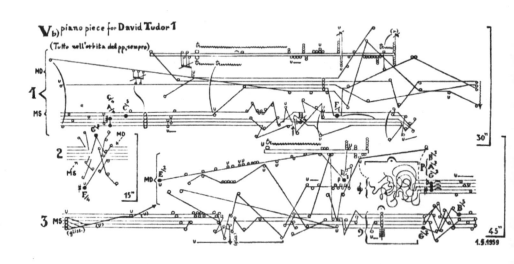

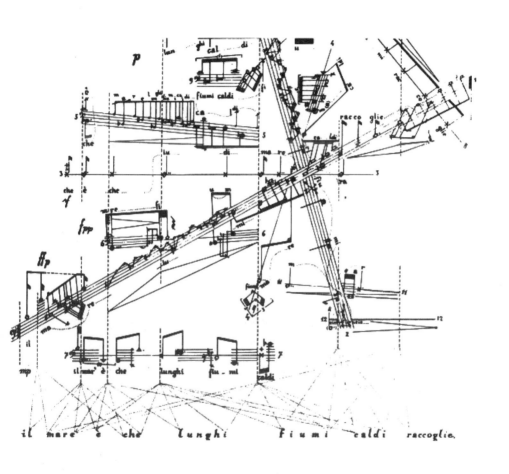

예술

펜로즈의 계단

영화 「인셉션」에도 등장했던 '펜로즈의 계단'.

펜로즈 삼각형과 함께, 수학자 로저 펜로즈(Roger Penrose)
가 1958년에 제시했던 대표적인 '불가능한 도형'이다. 이 계단은 예술
가 마우리츠 코르넬리스 에셔(Maurits Cornelis Escher)에게 큰 영감을 줘
서 에셔의 대표작 두 편의 모티프가 되었는데(「상승과 하강」, 「폭포」), 사실
젊은 수학자 펜로즈가 이런 불가능한 도형을 만들려고 시도했던 것은
1954년에 암스테르담에서 열린 세계 수학자대회에 참석했다가 학회장
에 마련된 네덜란드 화가 에셔의 작품전을 보고 '홀린 듯이' 영감을 받았
기 때문. 이런 만남 이후에 펜로즈와 에셔는 평생 좋은 친구로 지냈다는.

영화 「인셉션」에 나오는 펜로즈의 계단

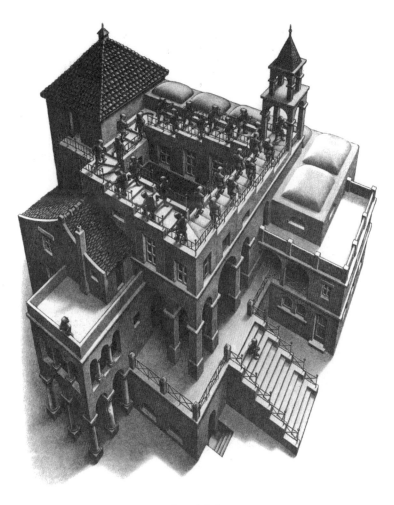

에셔의 『상승과 하강』

👍 좋아요　　💬 댓글 달기　　↗ 공유하기

인간의 뇌,
선율을 이루다

1965년 초연한 앨빈 루시어(Alvin Lucier)의 「독주자를 위한 음악」(Music for Solo Performer). 뇌파인 알파파를 잡아서 이것이 특정한 강도 이상이 되면 악기를 떨리게 하고, 이 떨림을 증폭해서 스피커로 내보냈다. 인간의 뇌를 실시간 인터페이스로 사용한 첫 공연.

유튜브에 10분 정도 공연 녹화 영상이 있는데, 연구 때문에 다 봤지만 사실 별로 재미 없음…. ㅠㅠ

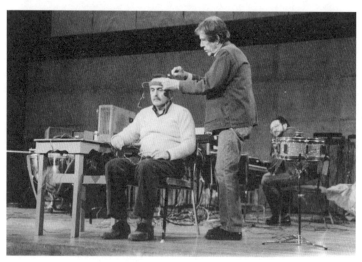

앨빈 루시어의 「독주자를 위한 음악」 공연 중 한 장면

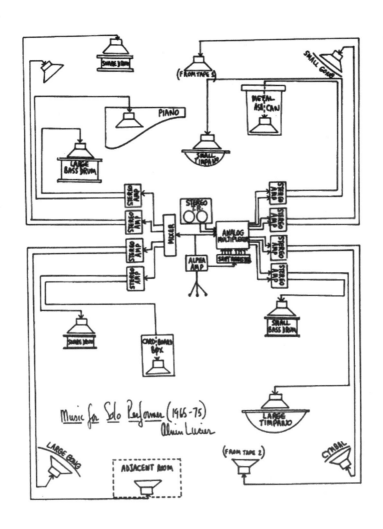

「독주자를 위한 음악」에서 뇌파를 증폭해 음악으로 만들어 들려주는 회로도

👍 좋아요　　💬 댓글 달기　　➡ 공유하기

죽는 날 듣고 싶은 음악:
백남준

삶의 마지막 날 무슨 음악을 듣고 싶을까?

아직 나의 마지막 날 듣고 싶은 음악을 정하지 못했다. 팔레스트리나(Palestrina), 조스캥 데프레(Josquin des Pres) 혹은 데이비드 튜더(David Tudor)가 부른 존 케이지의 「봄 음악」, 혹은 베토벤의 「봄 소나타」 제2악장, 샬럿 무어먼이 연주한 생상스의 「백조의 호수」가 되지 않을까. 나는 한 번밖에 죽을 수 없는데, 듣고 싶은 음악은 너무도 많다!

백남준의 유언 중에서. 마지막 문장이 정말 백남준답다.

👍 좋아요　　💬 댓글 달기　　➜ 공유하기

똥 싸는 오리

18세기 프랑스 장인 보캉송이 만
든 「똥 싸는 오리」. 음식을 먹고 소
화해서 배설하는 오리를 기계로
구현했다. 실제로는 음식을 먹는
척했고, 배설하는 것은 약간의 트릭
을 사용한 것.

21세기 최태윤 작가의 「똥 싸는 오리」. 최태윤의
오리는 뉴욕을 돌아다니면서 관광객들의 플래시에
반응해서 자동으로 사진을 찍고, 이를 프린트를 한 뒤에 이 프린트물을
배설한다고.

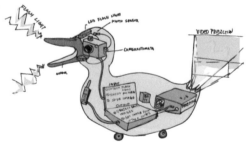

최태윤의 「똥 싸는 오리」

👍 좋아요　　💬 댓글 달기　　↗ 공유하기

예술

잊혀진 빛의 예술가
토마스 윌프레드

20세기 미술사에서 거의 잊혀진 토마스 윌프레드(Thomas Wilfred).

빛의 예술이라는 의미의 새 예술 장르 '루미아(Lumia)'를 창시했고, 이를 재현하는 클래빌럭스(Clavilux)라는 기계를 만들었다. 클래빌럭스는 처음에는 마치 지금의 신시사이저 모양으로 키를 움직여서 형형색색의 빛을 거대한 스크린에 비추는 형태였다가, 나중에는 점점 작아지고 그 조작도 간단해졌다. 그의 작업은 소리를 빛으로 변환하는 예술적 전통에 위치한다고도 볼 수 있지만, 빛 자체를 매체로 사용하는 새로운 장르를 열었다고도 볼 수 있을 듯.

👍 좋아요　　💬 댓글 달기　　↗ 공유하기

클래빌럭스를 이용한 윌프레드의 루미아 공연

이면

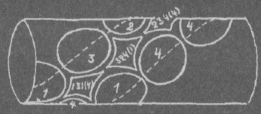

Fig. 1

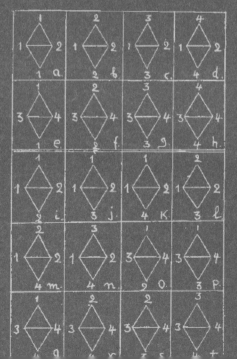

홍박사의

과학
일단
상상
자하

동물의 왕국

2015년 12월에 한 무리의 늑대를 찍은 사진이 페이스북에 돌아다니기 시작했다. 이 사진은 무려 20만 회 이상 공유되었고, 엄청나게 많은 사람에게 읽혔으며, 첫 포스팅의 '좋아요'는 47만 회 이상 눌러졌다.

사진의 해석은 다음과 같았다. "늑대 무리 : 맨 앞의 세 마리는 늙거나 아픈 상태이고 그들이 전체의 페이스를 결정한다. 만약 그렇지 않을 경우 이들은 낙오하기 때문이다. 하지만 매복이 있을 경우 이들이 희생양이 된다. 그 뒤의 다섯 마리는 강한 존재들이다. 그리고 나머지들이 그 뒤를 따르고 역시 다섯 마리의 강한 늑대가 뒤따른다. 대열의 맨 뒤에 혼자 가는 늑대는 가장 강한 '알파'이다. 알파는 맨 뒤에서 모든 것을 조종한다. 이 위치에 있으면 모든 것을 볼 수 있고, 방향을 결정할 수 있다. 그는 무리 전체를 볼 수 있다. 늑대 무리는 나이 든 늑대의 페이스에 따라서 움직이며, 서로를 돕고 서로를 예의주시한다."

그렇지만 캐나다 국립공원에서 이 사진을 찍은 BBC 다큐멘터리 작가는 세 마리의 늙은 늑대 등에 대해서는 아무런 얘기도 없었고, 다만 이 무리가 '암컷 알파'(alpha female)에 의해서 이끌어진다고 기술했다. 암컷 알파가 맨 앞에서 길을 닦고, 다른 무리들은 그 길을 따라서 간다는 것이다. 페이스북에 돌아다니던 설명과는 전혀 딴판이었다.

그런데 이런 설명과는 다른 설명도 존재했다. 1999년에 「알파의 지위, 지배, 늑대 무리의 노동 분업」이라는 논문을 쓴 데이비드 메크(David Mech)는 동물의 무리에서 인간이 '알파'라고 부르는 존재는 젖을 먹이는 암컷, 즉 엄마 늑대에 불과하다는 것이다. 이것을 '알파'라고 부르는 것은 인간 사회에서 통용되는 '알파 우먼'을 늑대 사회에 투영한 오류라는 것이다. 젊고 어린 늑대들이 자신에게 젖을 준 나이 많고 더 큰 엄마 늑대의 말을 듣는 것은 너무나 자연스러운 대자연의 섭리에 불과하다는 얘기다.

사실 우리가 「동물의 왕국」을 즐겨 보는 이유는 거기서 인간 사회의 단면, 축소판을 발견하기 때문이다. 그런데 바로 그런 이유로, 자연을 찍는 사진사, 자연 다큐멘터리 제작자는 자연에서 의도적으로 인간의 구미에 맞는 얘기만 편집해서, 여기에 이야기를 입힐 수 있다. 그렇게 될 때 우리가 보는 것은 '자연'이 아닌 것이 된다. 늑대 무리 얘기처럼.

👍 좋아요　　💬 댓글 달기　　↗ 공유하기

인간성

걔 본성은 원래 순진한데 술만 먹으면
개판이야.
아니다. 걔의 본성 중에는 술 먹고
개판 치는 것까지 포함된다.

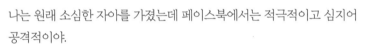

얘 성격은 정말 너그러운데 화가 날 때는
불 같아.
아니다. 얘의 성격에는 화가 날 때 불 같은 게 들어간다.

나는 원래 소심한 자아를 가졌는데 페이스북에서는 적극적이고 심지어
공격적이야.
아니다. 페이스북에서 적극적이고 공격적인 부분이 다 들어간 게 내 자
아다.

내 본성, 성격, 자아가 원래 내 속에 숨어 있고, 술 먹고 화나고 페이스북
할 때 드러나는 건 내 본성, 성격, 자아가 아닌 게 아니라, 이런 거 다 합친
것이 나다. 나는 내면에 존재하는 그 무엇이 아니라, 내 외연의 합이다.

👍 좋아요　　💬 댓글 달기　　↗ 공유하기

지도의 이면

1920~30년대 빈 서클에서 가장 좌파였던 오토 노이라트(Otto Neurath)가 선호했던 세계지도. 그가 빈의 지도 제작자 카를 포이커(Karl Peucker)에게 의뢰해서 만들었다고 한다. 노이라트의 지도는 유럽의 크기를 줄이고 아프리카와 남아메리카의 크기를 키움으로써 실제 대륙의 크기에 근접했다는 장점을 가진다. 노이라트의 지도를 계승한 골-페터스 지도는 영국의 학교에서 대부분 사용된다고.

유럽은 유럽중심주의를 벗어나기 위해 이렇게 애를 썼는데, 왜 우리는 아직도 계속 유럽 중심적인 메르카토르 지도를 사용할까.

👍 좋아요　　💬 댓글 달기　　➜ 공유하기

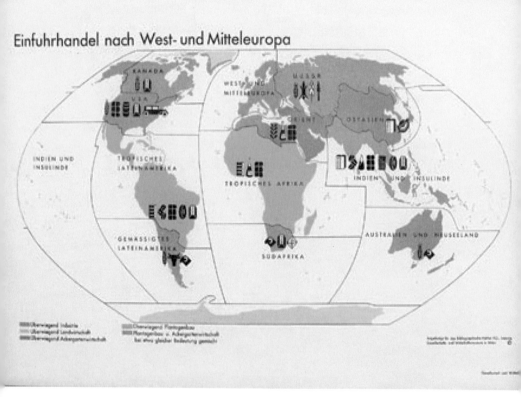

노이라트의 지도. 유럽이 실제 크기와 비슷하고, 아프리카가 실제보다 크다.

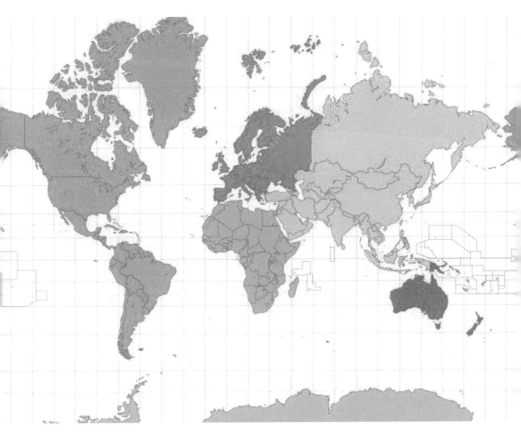

메르카토르 투영법에 의해서 제작된 세계지도. 유럽이 비현실적으로 크다.

백스테이지의 철학

예전부터 기회가 되면 꼭 써보고 싶은 글이 '백스테이지의 철학'(philosophy of backstage) 비슷한 것이다. 사람들은 잘 짜이고 화려한 무대와 거기에서 상영되는 본 연극에 주목하는데, 실제 정말 흥미로운 일은 무대 뒤의 백스테이지에서 일어난다는 내용이 주가 되는 글. 예전 영국 귀족의 대저택에는 지상층보다 더 복잡한 지하층이 있고 여기에서 많은 사람들이 바글거리면서 숱한 일을 처리한 것과 비슷하며, 조금 더 속된 유비로는 우아하게 헤엄치는 백조의 수면 아래 발이 세상의 엔진이라는.

영화 「버드맨」을 보았는데, 오랜만에 다시 이 백스테이지의 철학을 써보고 싶다는 충동을 느꼈다. 색깔로 분할된, 미로와 같이 다 연결되어 있는, 시간마저 접어버리는, 그리고 그 속에서 인간과 그들의 감정이 복잡하게 얽히는 뉴욕 브로드웨이 한 극장의 백스테이지가 나를 자극했나? 버드맨 감독이 누군가 했더니 오래전에 정말 충격적으로 봤던 영화 「21그램」의 알레한드로 곤살레스 이냐리투. 「21그램」도 「버드맨」도 참 대단하다는 생각밖에는 안 드는 영화.

👍 좋아요　　💬 댓글 달기　　➦ 공유하기

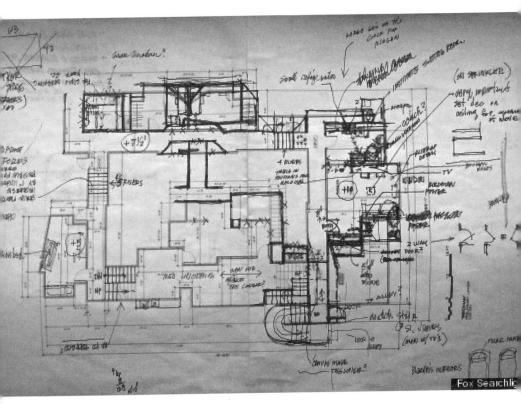

「버드맨」의 프로덕션 디자이너 케빈 톰슨이 무대 공간 구조를 그린 그림

이면

영화 「매트릭스」
제목에 숨겨진 의미

매트릭스(matrix)의 어원은 자궁, '피 흘리는 여자'. mother의 어원이 된 mater라는 단어와 밀접히 연결되어 있다. 영화 「매트릭스」에 인공 자궁이 생생하게 묘사되었던 것은 우연이 아닐 듯….

영화 「매트릭스」의 한 장면

1996년 도쿄의 연구자들이 한 인공 자궁 실험에 대한 기사에는 '인공 자궁이 탄생했다: '매트릭스'의 세상에 온 것을 환영합니다'라는 제목이 붙어 있었다. 여기서 '매트릭스'는 중의적 의미. 자궁이라는 의미와 영화 「매트릭스」처럼 기계가 인간을 지배하는 세상이라는.

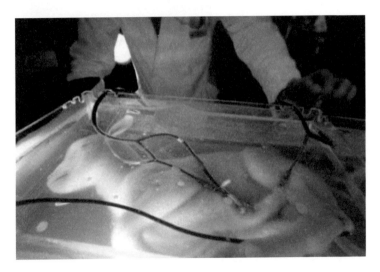

도쿄 연구자들이 수행한 인공 자궁 실험. 염소의 태아를 인공 자궁에서 키우는 데 성공했다.

👍 좋아요　　💬 댓글 달기　　↗ 공유하기

통 속의 뇌

영화 「매트릭스」는 우리가 경험하고 사는 세상이 사실은 정교한 자극을 통해 유도된 시뮬레이션에 불과한 것임을 보여준다. 마치 내가 꿈을 꿀 때는 그것이 꿈이라는 사실을 잘 모르듯이.

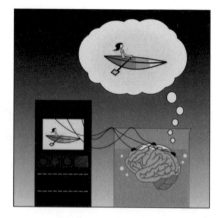

'통 속의 뇌'(brain in a vat) 논증은 나의 모든 경험과 감각은 뇌에서 지각하는 것이기에, 내 삶이 실재가 아니라 적절한 전기 자극을 받는 '통 속의 뇌'에 불과할 수 있다는 것이다. 지금 키보드를 두드리는 나의 행위도 사실은 진짜 내가 아니라 '통 속의 뇌'에 적절한 자극을 주고 있는 것에 불과하다는 얘기다. 영화 「매트릭스」의 상황이 바로 이것인데, 나의 삶이 '통 속의 뇌'가 아니라는 것을 어떻게 논증할 수 있는가?

철학자 로버트 퍼트넘(Robert Putnam)은 "모든 단어는 대상과 적절한 인과적 연관을 가질 때 그 대상을 지칭한다"는 전제 하에, 우리가 통 속의 뇌가 아님을 다음과 같이 증명했다.

1. 우리가 통 속의 뇌라고 가정하자.

2. 우리가 통 속의 뇌라면, '뇌'는 뇌를 지칭하지 않고 '통'은 통을 지칭하지 않는다.(전제)

3. 만일 '통 속의 뇌'가 통 속의 뇌가 아니라면, "우리가 통 속의 뇌이다"라는 문장은 잘못된 문장이다.

4. 따라서 만약 우리가 통 속의 뇌라면, "우리가 통 속의 뇌이다"라는 문장은 오류이다(따라서 우리는 통 속의 뇌일 수 없다).

멋진 휴양지에서 내가 쓴 책을 읽고 있는 절세미인을 만났는데, 그녀가 내게 이런 얘길 하더라. "비록 우리가 만난 지 얼마 안 됐고, 내가 백만장자라는 사실을 당신이 안 좋아하는 걸 알지만, 그래도 당신은 내가 만난 가장 멋진 남자예요. 우리 결혼해요."

그 순간 나는 내가 통 속의 뇌임을 자각했다.

👍 좋아요   💬 댓글 달기   ➤ 공유하기

영구기관의
비밀

1920년대에 로스앤젤레스의 대로에 세워졌던 영구기관. 이런 종류의 영구기관을 총칭해서 '균형 잃은 바퀴'(overbalanced wheel)라고 하는데, 당시 이 영구기관은 낮이건 밤이건 계속 돌아가서 사람들에게 '영구기관이 정말 가능하구나'라는 생각을 심어줬다고. 그러다가 어느 날, LA 발전소가 부품 교체를 위해 잠깐 멈춰서 도시가 정전되었는데, 그때 이 기관도 같이 멈췄다. 이렇게 해서 비밀이 들통났던 거.

👍 좋아요　　💬 댓글 달기　　➤ 공유하기

넥타이의
비밀

RNA 타이 클럽. 뒷줄 왼쪽이 DNA의 이중나선 구조를 발견해서 노벨상을 탄 프랜시스 크릭이고 앞줄 오른쪽이 크릭과 함께 공동으로 노벨상을 받고 『이중나선』이란 책을 쓴 악명 높은(?) 제임스 왓슨.

1955년의 RNA 타이 클럽.
맨 뒤 왼쪽부터 시계 방향으로 프랜시스 크릭, 레슬리 오르겔(RNA 타이가 아닌 일반 타이를 매고 있다), 제임스 왓슨, 그리고 알렉산더 리치. 오르겔은 이 넥타이를 처음 디자인한 이론화학자이다.

이들의 모임이 'RNA 타이 클럽'이 된 이유는 이들이 RNA 무늬가 있는 넥타이를 매고 모였기 때문. 이 넥타이 무늬는 RNA가 아미노산을 설계하는 것에 대한 가모프의 다이아몬드 모델에서 아이디어를 얻은 것이다.

가모프의 다이아몬드 모델은 결국 나중에 틀린 것으로 판명되었지만, 과학사상 가장 아름다운 오류로 꼽히기도.

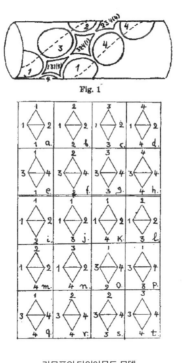

가모프의 다이아몬드 모델

👍 좋아요　　💬 댓글 달기　　↪ 공유하기

알프레드 노벨의
이면

노벨상을 만든 알프레드 노벨이 하고 싶어했던 일 중 하나가 추운 겨울에 파리 센 강에서 투신자살하는 사람들에게 죽기 전날 하룻밤 호화롭게 먹이고 재우는 호텔을 세우는 것이었습니다. 삶에 너무 지치고 괴로운데 출구가 안 보여서 결국 자살을 결심한 사람들이 생을 마감하기 전에 딱 하루 호화로운 저녁을 먹고 포근하게 잠을 자는 곳이지요.

자살하는 사람의 마지막 하루를 위한 호텔. 물론 실제로 지어지지는 않았지만 이 호텔은 다이너마이트로 전쟁 장사를 해서 억만장자가 되고 그 돈을 전부 기부해서 인류를 위해 공헌한 과학자와 문인, 평화주의자를 기념하는 상을 만든 노벨만큼이나 역설적이고 아이러니합니다.

👍 좋아요　　💬 댓글 달기　　➡ 공유하기

사실적 뼈해부도의
이면

해부학을 한 단계 업그레이드했다고 평가받는 영국 외과의사 윌리엄 체셀던(William Cheselden)의 『뼈해부학』(Osteographia, 1733)의 뼈해부도들. 그는 이를 그릴 때 카메라 옵스큐라(camera obscura)의 도움을 받았는데, 카메라 옵스큐라에서 상이 거꾸로 맺히는 문제를 해결하기 위해서 표본을 거꾸로 들고 있었다고.

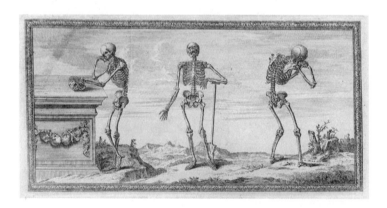

👍 좋아요　　🗨 댓글 달기　　↗ 공유하기

LONDON MDCCXXXIII.

체셀던의 『뼈해부학』에 나오는 그림들.
아래 그림에서 왼쪽의 카메라 옵스큐라에 상이 거꾸로 맺히기 때문에 표본을 거꾸로 들고 있다.

깜빡이는 기계 스트로보스코프:
환각 효과를 불러일으키다

아마 물리를 전공한 분들은 스트로보스코프라는 기계를 잘 알고 계실 거다. 불빛을 순간적으로 깜박이게 만들어서 운동하는 물체의 사진을 (소위 고속사진을) 찍는 데 꼭 필요한 기계이다. 깜빡이는 기계라는 뜻으로, 플리커(Flicker)라고도 한다.

영화 「플리커」의 경고문.
이 영화 때문에 생긴 육체적, 정신적 피해에 대하여 제작자는 책임을 지지 않는다고 얘기한다.

이 기계의 역사가 매우 흥미로운데, 그중 압권은 1950~60년대에 스트로보스코프의 깜박임을 바라보는 게 마치 마약을 하는 것과 비슷한 각성, 환각 효과를 가져다준다는 것이었다. 유명한 과학자들이 이런 얘기를 했고, 이에 대한 논문도 『네이처』에 실렸으니, 대략 어느 정도는 근거가 있고 믿을 만한 얘기일 거다. 이 기계는 환각 파티 장소에도 등장하곤 했는데, 그 정점은 1966년에 토니 콘래드(Tony Conrad, 무려 하버드 대학 수학과 출신의 비디오아티스트다)라는 당시 컴퓨터 프로그래머가 불빛의 깜박임만으로 이루어진 영화 「플리커」를 만들어 상영했던 것. 영화를 만든 토니 콘래드는 관객을 집단적으로 환각 상태에 몰아넣으려고 했던 것 같은데(이 영화를 실제로 본 사람들의 회고에 의하면 영화의 효과는 상당했던 듯), 관객이 집단 환각을 경험했는지에 대해서 공식적으로 보도된 것은 없다. 영화 「플리커」는 영화의 역사에서 자주 등장할 정도로 유명한 영화. 유튜브로 어두운 공간에서 한번 감상해보시길.

👍 좋아요　　💬 댓글 달기　　➡ 공유하기

전화선

예전에 어디선가 본 얘기. 전 세계 어디에도 AT&T가 깔아놓은 전화선을 전부 알고 있는 사람이 없다는 거. 1890년대부터 장거리전화선을 깔았는데, 시간이 흐르면서 이전에 깔았던 국소적인 라인들에 대한 정보가 조금씩 사라지고, 이를 아는 사람도 사망하고, 새로운 라인은 계속 깔리기를 반복하고 등등. 그래서 1990년을 기준으로 미국의 전화선 전체가 어떻게 되는가를 알고 있는 사람은 한 명도 없다는 거.

이 얘기의 교훈.
1) 사람이 만든 것도 사람이 모를 수 있다.
2) 어느 누구도 확실하게 잘 모르는 것도 웬만큼 잘 작동된다.

👍 좋아요   💬 댓글 달기   ➤ 공유하기

1910년 벨(AT&T)사의 전화선.
이후 전화선은 이 지도에 비교할 수 없을 정도로 복잡해졌다.

우주의 끝

서양에서 중세 시대 사람들은 우주에 대해 어떤 의문을 품고 있었을까? 당시 우주에는 끝이 있다고 알려졌는데, 그럼 그 밖에는 무엇이 있을까?

이 그림은 우주 밖에 무엇이 있는가를 궁금해하는 중세인의 질문을 형상화한 목판으로, 보통 16세기에 그려졌다고 알려진 것이다. 그렇지만 실제로 이 그림은 19세기 말이나 20세기 초에 그려졌고, 1907년 출판된 한스 크래머(Hans Kraemer)의 『우주와 인간』(*Weltall und Menschheit*)에 처음 수록된 것이다. 중세 시대의 질문이라기보다는, 20세기 초의 상상력을 보여주는 그림.

👍 좋아요   💬 댓글 달기   ↪ 공유하기

10

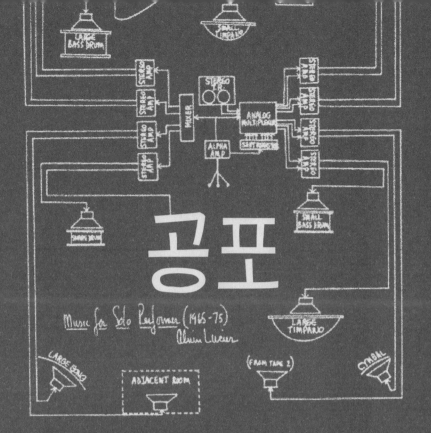

공포

Music for Solo Performer (1965-75)
Alvin Lucier

소설『살아 있는 인형』: 기계주의에 대한 공포

스웨덴으로 여행하던 데카르트는 동료들에게 자신의 어린 딸 프랑신과 함께 여행을 하고 있다고 말했다. 그러나 선원들은 그녀를 한 번도 본 일이 없어서 이상하게 생각하고 있었다. 폭풍우가 심하게 불던 어느 날, 이들은 그녀를 찾아보기로 했다. 모든 것이 혼란스러운 가운데 이들은 철학자도 딸도 찾을 수 없었다. 호기심에 사로잡힌 이들은 데카르트의 선실로 몰래 들어갔다. 선실에는 아무도 없었다. 그러나 방을 나서려는 순간 이들은 이상한 상자를 발견하고 걸음을 멈추었다. 그것을 열자마자 이들은 기겁을 하여 크게 한 발 물러섰다. 상자 안에는 인형이 하나 들어 있었는데, 이것이 마치 사람처럼 움직이고 행동하는 것을 보고 이들은 살아 있는 인형이라고 생각했다. 데카르트가 직접 시계태엽과 금속 조각을 가지고 이 안드로이드를 만든 것으로 밝혀졌다. 그것은 정말로 그의 자손이었지만 선원들이 상상했던 것과 같은 것은 아니었다. 프랑신은 기계였던 것이다. 충격을 받은 선장은 이 움직이는 불가사의한 기계가 사악한 마술을 부려 자신들의 여행을 방해하는 궂은 날씨를 불러왔다고 확신했다. 선장의 명령에 따라 데카르트의 '딸'은 바다에 버려졌다. (게이비 우드 지음, 김정주 옮김, 『살아 있는 인형』, 이제이북스 2004, 31쪽)

이 데카르트의 로봇(인형) 딸 얘기는 18세기에 창작된 소설이지만, 놀랄 만큼 매력적이다. 데카르트는 젊었을 때부터 자동인형(automata)에 매료되어 있었고, 육체와는 무관한 영혼을 믿었으며, 다섯 살에 죽은 딸이 있었다. 이런 요소들이 결합해서 나온 것이 로봇 딸 얘기. 살아 움직이는 인형이 두려운 이유는 인형에 귀신이 들어서가 아니라, 인형이 스스로 움직인다면 인간은 대체 뭐냐라는 문제가 두렵기 때문.

1903년 파리 올림피아 극장에서 마치 로봇처럼 바이올린을 연주한 모토걸(motogirl).
관객은 이 소녀가 로봇 흉내를 내고 있는 인간인지 인간이 되고 싶어하는 로봇인지 혼란스러워했다.

👍 좋아요   💬 댓글 달기   ➤ 공유하기

1만 년을 위한
'경고' 디자인

샌디아 국립연구소(Sandia National Laboratories)에서 서기 12,000년까지 유지될 수 있고 그때에도 그 위험성을 쉽게 알 수 있는 핵폐기물격리시험시설(WIPP) 디자인을 만들기 위해 다학제 전문가들을 모아 외부 패널을 구성했는데, 다음 디자인을 제시한 패널은 인류학자, 천문학자, 고고학자, 환경디자이너, 언어학자, 재료과학자로 구성된 팀. 지금부터 1만 년 뒤에도 사람들이 봤을 때, "여기는 건드리면 안 되겠구나"라는 느낌을 주는 디자인. 그림은 마이클 브릴(Michael Bril, 더 많은 정보는 wipp. energy.gov 참조).

👍 좋아요   💬 댓글 달기   ↗ 공유하기

영화 「인터스텔라」의
디스토피아

「인터스텔라」의 감독은 탐험가가 되어 우주로 날아가야 한다는 얘기를
하려는 것인가, 아니면 농부가 되어서 땅을 더 들여다봤어야 했다는 얘
기를 하려는 것인가.

나는 공 모양을 하고 있는 웜홀, 무릎도 안 되는 바다에서 산보다 큰 파
도가 밀려오는 외계 행성, 밝고 화려한 블랙홀, 5차원 존재들보다 영화
에서 그리는 미래 사회가 더 흥미로웠다. SF영화에서 암울한 미래를 그

영화 「인터스텔라」 중에서 야구 경기 장면

리는 방식은 대부분 핵전쟁이 발발해서 죽음의 재로 덮인 지구라든지 기후변화에 따른 재앙을 묘사하는 것이다. 인류는 거의 절멸하고, 사람들은 사람을 닮은 로봇과 공존한다. 반대로 「인터스텔라」에서 그리는 미래는 지금과 별반 다르지 않다. 트럭에 제트엔진이 달린 것도 아니며, 애들이 다니는 학교도 있고 대학도 있다. 학교에서 말썽을 피우면 정학을 당한다. 야구 경기도 하고 사람들은 이를 보러 간다. 노트북은 훨씬 더 향상되었고 드론과 캐비넷을 닮은 인공지능(AI) 로봇이 있지만, 「블레이드 러너」처럼 사람과 구별하기 힘든 안드로이드가 사람 사이에 섞여서 활개 치는 세상도 아니다.

지구는 그냥 죽어가고 있다. 사람이 늙으면 약해지고 병도 생기면서 서서히 죽어가듯이, 지구도 죽어간다. 그 이유가 자세히 나오는 것도 아니다. 어떤 이유에선가 지금보다 훨씬 더 지독한 황사가 전 지구적인 현상

「인터스텔라」는 황사로 죽어가는 지구의 모습을 보여준다.

이 되고, 아마 그것 때문인지 토양의 성분이 변해서 곡물이 잘 자라지 않으며, 공기 중에 질소가 증가하고 산소가 아주 조금씩 감소한다. 지구가 폭발하는 것이 아니라, 그저 인간이라는 종이 살기에 점점 더 나쁜 환경이 되어가고 있다. 그렇다고 사람들이 숨이 막혀 죽어 나자빠지는 것도 아니다. 사람들은 이런 환경에 적응하고 있다. 야구를 구경하다가 황사가 오면 다들 빨리 대피하는 식이다. 하지만 삶이 예전 같지는 않다. 사람들은 기침을 하고, 조금 더 괜찮은 곳으로 이주하며, 새 생명이 둘 태어나면 하나는 죽는다.

사람의 관점에서 볼 때 지구는 죽어가고 있지만, 기실 지구는 산소 없이도 살 수 있는 생명체를 위한 생태계로 바뀌는 중이다. 갑자기 지구의 기온이 떨어져서 공룡이 멸종했듯이, 인간도 바뀐 환경 속에서 서서히 사라지고 있는 중이다. 미리 막을 수 있는 재난이었을까? 땅을 사랑하지 않고, 달에 사람을 보내는 쓸데없는 일에 너무 많은 돈과 에너지를 낭비해서였을까? 해답이 우주에 있다는 얘기를 하려 한 것일까? 아니면, 문제가 우주에 있다는 얘기를 하려 한 것일까?

영화 마지막에 인류의 (극히 적은) 일부가 우주를 떠도는 거대한 우주정거장에서 살고 있는 모습이 나온다. 이들은 목적지가 있는 것일까? 누가 선택된 것일까? 다른 사람들은? 아직도 지구에 사람이 살고 있나…? 풀지 못한 문제가 너무 많다.

👍 좋아요　　🗨 댓글 달기　　➤ 공유하기

첫 대면

매 재미슨(M. Jamieson)의 「첫 대면」. 우주를 처음으로 대면한 우주 비행사의 얼굴을 형상화한 작품. 놀라움인가 공포인가. 아니면 이 모두인가.

👍 좋아요 　💬 댓글 달기 　↪ 공유하기

에필로그

이 책의 제목은 '홍박사의 과학 일단 상상하자'입니다. 저는 이 책에서 여러 가지 사례들을 통해서 과학의 상상력이 인간과 비인간(nonhuman)의 새로운 관계를 만들어내는 것임을 보이려 했습니다. 비인간에 주목하면 과학기술만이 아니라 우리 주변의 사물을 신선하게 보는 안목을 갖게 됩니다. 이는 다시 인간을 새롭게 보게 합니다.

대부분의 시인들이 인간사를 시로 표현했지만, 20세기 프랑스 시인 프랑시스 퐁주(Francis Ponge, 1899~1988)는 인간의 관점이 아니라 비인간인 사물의 관점에서 써진 여러 편의 시를 발표했습니다. 그런데 그의 시 중에 「과일 상자」라는 시가 있습니다. 플라스틱이 널리 쓰이기 전에 나무판에 얼기설기 못을 박아서 과일 상자를 만들었는데, 퐁주는 아무도 주목하지 않는 이 일회용 과일 상자에 주목합니다. 그의 시는 무관심하게 버려지는 과일 상자에 시선을 고정시킬 때 이 세계를 따뜻하고 책임지는 방식으로 바라볼 수 있음을 보여줍니다.

과일 상자

프랑시스 퐁주

프랑스어에는 새장(cage)과 감옥(cachot)의 중간에 과일 상자(cageot)가 있습니다. 이것은 조그만 숨이 막혀도 단번에 질식하는 과일들을 운반할 때 쓰이는 작은 체 모양의 상자입니다.

용도가 용도인 만큼 쉽게 부서질 수 있도록 고안되어서 두 번 사용되지는 않습니다. 이렇듯 그는 자신이 담고 있는 물기 많고 물렁한 상품보다도 오래가지 못하지요.

장터로 가는 길모퉁이마다 그는 허연 나무 색의 허영기 없는 빛을 발하고 있습니다. 아직 완전히 새 것이지만, 어색한 자세로 영원히 쓰레기장에 팽개쳐진 것에 약간 어리둥절해하고 있는 이 물체는 어쨌거나 무척 호감이 갑니다. 그렇지만 이 운명에 대해서 오래 숙고할 필요는 없겠지요.

시인 퐁주의 상상력은 제가 이 책에서 과학과 기술의 여러 사례들을 통해서 드러내려고 했던 과학적 상상력과 쌍을 이루는 것입니다. 시가 과학에 직접 영감을 주는 것은 아니고 그 역도 마찬가지겠지만, 문학이나 예술에서의 상상력과 과학의 상상력은 쌍을 이뤄서 솔로보다 더 멋진 듀엣의 춤을 만들어냅니다.

이 책은 '과학 일단 상상하자'는 제목으로 시작해서, 열 가지 테마에 대한 이야기의 실타래를 풀었습니다. 아쉽지만 이제 퐁쥬의 '과일 상자'로 책을 마무리하려 합니다.

홍박사의

과학
일단
상상하
자

사진과 그림의 출처

17쪽   http://artns.us/flapper-art/1920s/1920s-couple-illustration.jpg.
19쪽   https://writescience.files.wordpress.com/2014/01/starshipscosmos.jpg.
23쪽   http://arxiv.org/abs/1503.07675.
25쪽   http://www.dailygalaxy.com/my_weblog/2007/11/einsteins-bigge.html.
29쪽   노무현 사료관 http://archives.knowhow.or.kr/m/record/all/view/2054394.
34쪽   JAMA, 1998, 279 (13).
37쪽   https://upload.wikimedia.org/wikipedia/commons/7/73/Luddite.jpg.
41쪽   https://en.wikipedia.org/wiki/Seven_Sages_of_Greece.
45쪽   http://www.wikiwand.com/en/Fritz_Haber.
56쪽   http://lookslikescience.tumblr.com/post/47889126957/im-jen-and-i-
        have-a-phd-in-microbiology-from.
57쪽   http://lookslikescience.tumblr.com/post/69538259538/my-name-is-
        mike-feigin-and-i-study-cancer-biology.
60쪽   https://en.wikipedia.org/wiki/File:Gray-telephone-caveat.gif.
61쪽   http://techbooky.com/4278-2/.
64쪽   https://gigaom.com/wp-content/uploads/sites/1/2014/05/img_3905.
        jpg.
65쪽   http://makerfaire.com/bay-area-2015/slideshow/.
86쪽   http://2.bp.blogspot.com/.
87쪽   http://calleinfinita.blogspot.com/2010/05/el-asombroso-astronauta-
        de-palenque.html.
96쪽   https://commons.wikimedia.org/wiki/File:Automates_Vaucanson.jpg.
97쪽   https://en.wikipedia.org/wiki/Wolfgang_von_Kempelen.
99쪽   http://unbuilt.tumblr.com/post/1067945977/walking-city-proposal-
        architect-ron-herron.
100~01쪽 http://www.bmiaa.com/instant-city-travelling-exhibition-now-at-
        college-maximilien-de-sully/.
132쪽   Popular Science Monthly, Volume 64 (1903).

135쪽   https://www.wired.com/2013/08/solar-bell/.
137쪽   https://upload.wikimedia.org/wikipedia/commons/e/e2/
          OrteliusWorldMap1570.jpg.
139쪽   https://en.wikipedia.org/wiki/Robert_Hooke.
145쪽   https://fr.wikipedia.org/wiki/Antoine_Lavoisier.
147쪽   http://www.amis-robespierre.org/IMG/jpg/terreur-la_001.jpg.
151쪽   https://commons.wikimedia.org/wiki/File:Trinity_Test_-_Oppenheimer_
          and_Groves_at_Ground_Zero_002.jpg.
154~55쪽 http://i.imgur.com/3Spz9HW.jpg.
158쪽   Conrad Hal Waddington, Principles of Development and Differentiation
          (New York: Macmillan, 1966), p. 49.
159쪽   http://www.cell.com/fulltext/S00928674(07)00186-9.
166쪽   https://en.wikipedia.org/wiki/Elisha_Otis.
167쪽   http://fly.historicwings.com/2012/08/george-the-autopilot/#.
175쪽   E. O. Wilson, The Social Conquest of Earth, 2012, p. 138.
203쪽   http://www.proxemiasound.net/news-findings-research/2015/8/9/
          music-for-solo-performer.
205쪽(위) https://en.wikipedia.org/wiki/Digesting_Duck.
213쪽   http://benvironment.org.uk/post/11820552227/timberwolves.
219쪽   http://www.huffingtonpost.com/2014/12/03/birdman-production-
          designer-kevin-thompson_n_6221910.html.
222쪽   https://commons.wikimedia.org/wiki/File:Brain_in_a_vat.svg.
227쪽   Gamow, G. Possible relation between deoxyribonucleic acid and protein
          structures. Nature, 1954. 173:318.
235쪽   http://www.slate.com/blogs/the_vault/2015/03/16/history_of_the_
          american_telephone_system_map_of_bell_coverage_in_1910.html.
237쪽   http://en.wikipedia.org/wiki/File:Flammarion.jpg.

홍박사의
과학
일단
상상하
자

ⓒ홍성욱, 2017
초판 1쇄 인쇄일 2016년 12월 27일
초판 1쇄 발행일 2017년 1월 3일

지은이   홍성욱
펴낸이   배문성
편집   권나명
디자인   형태와내용사이
마케팅   김영란

펴낸곳   나무+나무
출판등록   제2012-000158호
주소   경기도 고양시 일산서구 송포로 447번길 79-8(가좌동)
전화   031-922-5049
팩스   031-922-5047
전자우편   likeastone@hanmail.net

ISBN 978-89-98529-13-0 03400